中国地质大学(武汉)实验教学系列教材
中国地质大学(武汉)珠宝学院GIC系列丛书

CorelDRAW 首饰设计效果图绘制技法

CorelDRAW SHOUSHI SHEJI XIAOGUOTU HUIZHI JIFA

吴树玉　徐可　著

中国地质大学出版社
ZHONGGUO DIZHI DAXUE CHUBANSHE

前　言

　　CorelDRAW 软件自问世以来，对工业设计与生产产生了深远的影响，首饰设计与制造也受益其中。《CorelDRAW 首饰设计效果图绘制技法》一书针对时尚首饰产业现状，主要介绍如何应用 CorelDRAW 的绘图工具绘制专业首饰设计效果图，这将为广大读者提供一段关于首饰设计的美丽历程。

　　本书的主要内容包括弧面及刻面宝石的渲染技法、金属造型与质感的表现技巧、常用首饰部件的画法、首饰三视图的画法、首饰效果图背景渲染技巧等。本书以展现时尚首饰的材料与款式为框架，力求内容系统与专业；在讲授绘制技法的同时，也为读者介绍了必要的首饰设计基础知识。本书以典型范例贯穿各章节，操作步骤详细，语言简洁易懂。书中范例既包括商业款实例，也有作者的独立创作，既实用，又有启发性。本书适合作为高校首饰设计专业教学以及首饰设计爱好者自学教材。

　　在本书的撰写过程中，首饰设计师王圣镯、曾乔提供了帮助，在此对他们表示感谢。同时，中国地质大学（武汉）珠宝学院的孙铭燕、赵璞、狄安琪、熊玮等同学帮助进行了实物拍照、排版及绘图工作，在此也衷心地感谢他们。

　　由于作者水平有限，书中难免存在一些不足，敬请广大读者批评指正。

作　者

2013 年 11 月

目 录

第一篇 CorelDRAW 奇妙的绘图世界 ……………………………………… (1)
第一章 CorelDRAW 软件概述 …………………………………………… (1)
第一节 CorelDRAW 软件的介绍 ……………………………………… (1)
第二节 CorelDRAW 在首饰行业中的应用 …………………………… (1)
第二章 CorelDRAW 基本工具介绍 ……………………………………… (2)
第一节 CorelDRAW 工作界面介绍 …………………………………… (2)
第二节 CorelDRAW 常用工具与命令 ………………………………… (5)

第二篇 珠光宝气 …………………………………………………………… (8)
第三章 常见宝石的品种与琢型 …………………………………………… (8)
第一节 刻面琢型 ………………………………………………………… (8)
第二节 弧面琢型 ………………………………………………………… (9)
第三节 链珠琢型 ………………………………………………………… (9)
第四节 异型及雕件 ……………………………………………………… (10)
第五节 常见弧面宝石品种与外观特征 ………………………………… (10)
第四章 CorelDRAW 刻面宝石的绘制 …………………………………… (13)
第一节 绘图前准备 ……………………………………………………… (13)
第二节 圆形明亮型宝石的绘制步骤(以红宝石为例) ………………… (14)
第三节 梨形明亮型宝石的绘制步骤(以蓝宝石为例) ………………… (17)
第四节 方形阶梯型宝石的绘制步骤 …………………………………… (20)
第五节 祖母绿琢型宝石的绘制步骤 …………………………………… (22)
第六节 群镶附石的绘制与透视表现 …………………………………… (24)
第七节 圆形和椭圆形明亮琢型的侧视图画法 ………………………… (27)
第八节 刻面链珠的画法(以水滴形为例) ……………………………… (29)
第九节 本章要点与技巧总结 …………………………………………… (32)
第五章 CorelDRAW 弧面宝石的绘制 …………………………………… (33)
第一节 絮状底纹的应用 ………………………………………………… (33)
第二节 条带状底纹的应用 ……………………………………………… (38)
第三节 其他底纹的应用 ………………………………………………… (41)
第四节 半透明单晶弧面宝石的画法 …………………………………… (43)
第五节 本章要点与技巧总结 …………………………………………… (45)
第六章 CorelDRAW 宝石链珠的绘制 …………………………………… (48)
第一节 珍珠的绘制方法(以黑珍珠为例) ……………………………… (48)
第二节 水晶圆珠的绘制方法(以紫晶为例) …………………………… (49)

I

  第三节 本章要点与技巧总结 ··· (52)

 第七章 以宝石图片创建宝石 ··· (53)

  第一节 红宝石图片的应用 ··· (53)

  第二节 孔雀石原石图片的应用 ··· (55)

第三篇 金属画法 ··· (58)

 第八章 金属首饰材料的种类、表面处理工艺及其外观特征 ············· (58)

  第一节 金属首饰材料的种类 ··· (58)

  第二节 常见首饰表面处理工艺及其金属肌理效果 ······················· (59)

 第九章 金属造型及其质感表现基础 ··· (61)

  第一节 交互式填充表现金属质感 ··· (61)

  第二节 绘制光斑与阴影表现金属质感 ······································· (66)

  第三节 本章要点与技巧总结 ··· (71)

 第十章 首饰的常见造型结构与绘制方法 ··· (72)

  第一节 镶嵌结构及其绘制步骤 ··· (72)

  第二节 金属链与链扣的绘制 ··· (80)

  第三节 丝状造型的表现技巧 ··· (99)

  第四节 镂空效果与厚度表现技巧 ··· (104)

  第五节 穿插结构及其绘制 ··· (109)

 第十一章 自由造型的绘制 ··· (111)

  第一节 自由造型的绘制方法 ··· (111)

  第二节 本章要点与技巧总结 ··· (113)

 第十二章 CorelDRAW 金属肌理的表现方法 ····································· (114)

  第一节 拉丝纹肌理的表现方法 ··· (114)

  第二节 压印纹肌理的表现方法 ··· (116)

  第三节 喷砂纹肌理的表现方法 ··· (118)

第四篇 首饰设计效果图 ··· (121)

 第十三章 CorelDRAW 首饰设计效果图的绘制 ································· (121)

  第一节 吊坠的设计效果图画法与渲染技巧 ······························· (121)

  第二节 戒指设计效果图的画法 ··· (126)

  第三节 手链、项链设计效果图的画法 ······································· (132)

  第四节 耳饰设计效果图的绘制 ··· (136)

 第十四章 CorelDRAW 首饰视图 ··· (143)

  第一节 戒指三视图的绘制 ··· (143)

  第二节 耳饰二视图的绘制 ··· (157)

  第三节 胸花二视图的绘制 ··· (168)

  第四节 本章要点与技巧总结 ··· (172)

附 录 ··· (173)

 附录 1 CorelDRAW 常用快捷键 ··· (173)

 附录 2 指圈号码对应的直径与周长 ··· (175)

第一篇　CorelDRAW 奇妙的绘图世界

第一章　CorelDRAW 软件概述

第一节　CorelDRAW 软件的介绍

CorelDRAW 是加拿大 Corel 公司开发的矢量图形编辑软件。CorelDRAW 以其强大的矢量绘图、文字排版以及图像处理功能,被广泛地应用于商标设计、招贴海报制作、模型绘制、插图描画、排版及分色输出等领域,以至于用作商业设计和美术设计的 PC 机上几乎都安装了该软件。从 Corel 公司首次推出的中文 CorelDRAW8.0 版本开始,CorelDRAW 经历几次更新,2011 年 Corel 公司推出了最新版本 CorelDRAW X5。

第二节　CorelDRAW 在首饰行业中的应用

对于首饰效果图的绘制,三维建模与渲染软件(如 JewelCAD、Rhino)能够展现非常逼真的效果,并能与快速成型技术结合,大幅提高生产效率,因此这类软件在首饰业内应用非常广泛。但是对于大量需要手工起版的首饰,利用平面设计软件绘制效果图供生产人员参考则是另一种高效、易存档的方式,而且这种方式在国内外许多时尚饰品公司尤为多见。在产品绘制领域,CorelDRAW 因其较强的矢量图绘制功能,成为首饰设计人员绘制首饰三视图、设计构想图的一个简便、准确且易学的工具(图 1-2-1)。相比于传统的手绘效果图,CorelDRAW 首饰效果图具有尺寸精确、结构清晰、易存档、绘图效率高等优势(当然,受其绘图方式的限制,在表现复杂结构、有机造型的首饰时,手绘则更有优势),因此 CorelDRAW 在结构相对简单、追求款式多样化的时尚饰品制造领域,应用较为广泛。

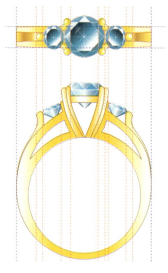

图 1-2-1　CorelDRAW 绘制的戒指视图

第二章　CorelDRAW 基本工具介绍

第一节　CorelDRAW 工作界面介绍

一、界面布局

本书以 CorelDRAW X4 为平台，介绍首饰效果图的绘制技法。由于 CorelDRAW12 以上版本的主要功能很相似，因此本书所列举的方法对于 CorelDRAW12 以上版本都适用。如图 2-1-1 所示为 CorelDRAW X4 的界面外观。

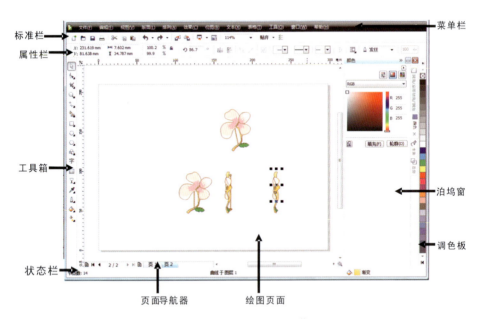

图 2-1-1　CorelDRAW X4 工作界面

二、菜单栏

在默认情况下，菜单栏位于标题栏的下面，如图 2-1-2 所示。通过执行菜单栏中的命令选项可以完成大部分的操作。

图 2-1-2　菜单栏

三、标准工具栏

在默认情况下,标准工具栏位于菜单栏的下面,如图 2-1-3 所示。标准工具栏就是将菜单中的一些常用命令选项按钮化了,以方便用户快捷操作。

图 2-1-3　标准工具栏

四、属性栏

在默认情况下,属性栏位于标准工具栏的下面,如图 2-1-4 所示。根据用户选择的工具和操作状态,属性栏上会显示不同的相关属性,用户可以方便地设置工具或对象的各项属性。

图 2-1-4　属性栏

五、工具箱

在默认情况下,工具箱位于操作界面的最左边。用户也可拖动工具箱,使其浮动在操作界面的其他位置,如图 2-1-5 所示。在工具箱中放置了经常使用的绘图及编辑工具,并将功能近似的工具以展开的方式归类组合在一起,如果要选择某个工具,用鼠标直接点击,图标显示为反显状态即表示选中了此工具;如果要选择工具展开列中的工具,用鼠标点击工具图标右下角的黑色三角,从弹出的工具列中点选某个工具即可,如图 2-1-6 所示。

图 2-1-5　浮动的工具箱

六、标尺

在默认情况下,标尺显示在操作界面的左侧和上部,如图 2-1-7 所示为水平标尺。标尺可以帮助用户确定图形的大小和设定精确的位置。选择"查看/标尺"命令可显示或隐藏标尺。

图2-1-6 展开工具列中的工具

图2-1-7 水平标尺

七、状态栏

状态栏位于操作界面的最底部,显示了当前工作状态的相关信息,如被选中对象的简要属性、工具使用状态提示及鼠标坐标位置等信息,如图2-1-8所示。

图2-1-8 状态栏

八、调色板

在默认情况下,调色板位于操作界面的最右侧。利用调色板可以快速地为图形和文本对象选择轮廓色和填充色。用户也可以将调色板浮动在其他位置,如图2-1-9所示,并且通过选择"窗口/调色板"下的子菜单还可以显示其他调色板或隐藏调色板。

九、绘图页面

在默认情况下,绘图页面位于操作界面的正中间,是进行绘图操作的主要工作区域,只有在绘图页面上的图形才能被打印出来。

图2-1-9 浮动的调色板

第二节　CorelDRAW 常用工具与命令

一、关于绘图的工具

(1)"椭圆形"工具。指要绘制椭圆形或正圆所用的工具。单选工具箱中的"椭圆形"工具,将鼠标移到页面中,在按住鼠标左键不放的同时拖动鼠标(图 2-2-1),可绘制一个椭圆(图 2-2-2)。

　　图 2-2-1　椭圆工具

　　图 2-2-2　绘制椭圆

(2)"矩形"工具。指要绘制矩形所用的工具。单选工具箱中的"矩形"工具,将鼠标移到页面中,在按住鼠标左键不放的同时拖动鼠标(图 2-2-3),可绘制一个矩形(图 2-2-4)。

　　图 2-2-3　"矩形"工具

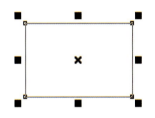
　　图 2-2-4　绘制矩形

(3)"贝塞尔"工具。指绘制直线、曲线所用的工具。该工具主要用来绘制平滑的曲线,通过改变节点与控制点的位置来改变曲线的形状,单选"贝塞尔"工具(图 2-2-5),将鼠标移到页面中,点击页面拖动鼠标,可确定曲线第一个点(图 2-2-6)。然后在空白处点击鼠标,即可绘制曲线的第二个点(图 2-2-7)。

　　图 2-2-5　"贝塞尔"工具

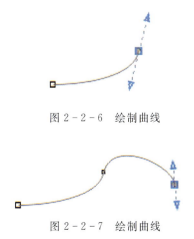
　　图 2-2-6　绘制曲线

　　图 2-2-7　绘制曲线

(4)"钢笔"工具。指绘制任意线并可以调节节点的工具。单选"钢笔"工具(图2-2-8),在空白页面直接进行点击,可绘制直线(图2-2-9),如果在绘制第二点的时候,按住鼠标左键不放并进行拖动,可绘制曲线(图2-2-10)。

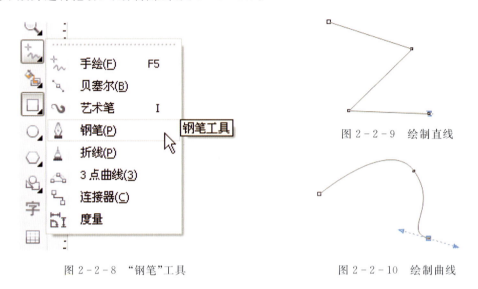

图2-2-8 "钢笔"工具

图2-2-9 绘制直线

图2-2-10 绘制曲线

(5)"形状"工具。指更改对象造型的工具,可以改变节点的属性。利用这个工具可以随意的添加、删除节点。在工具箱中单选"形状"工具(图2-2-11),并在页面中选择需要编辑的曲线,此时会出现"形状"工具属性栏(图2-2-12)。

(6)"颜色填充"工具。指为对象填充颜色或底纹的工具(图2-2-13)。利用这个工具可以给编辑的对象添加材质、颜色、底纹,使编辑的对象看起来更加丰富和真实。

图2-2-11 "形状"工具

图2-2-12 "调节节点属性"工具

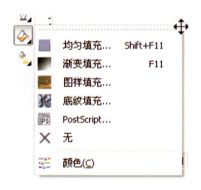

图2-2-13 "颜色填充"工具

(7)"交互式调和"工具。指调和对象的工具(图2-2-14)。"交互式调和"工具能够使编辑对象的颜色产生变化,使对象的颜色过渡得更为柔和、自然。

(8)预设轮廓笔与填充属性。在制作图形前先将要绘制图形的轮廓和颜色设定出固定数值。在工具栏中"钢笔"工具里选择"轮廓颜色"(图2-2-15),即出现预设轮廓颜色对话框(图2-2-16)。

图2-2-14 "交互式调和"工具

图2-2-15 "轮廓颜色"工具

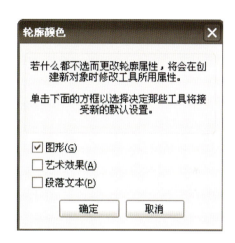

图2-2-16 预设轮廓颜色

在工具栏"填充"工具中选择"均匀填充"(图2-2-17),即出现均匀填充属性对话框(图2-2-18)。

图2-2-17 "均匀填充"工具

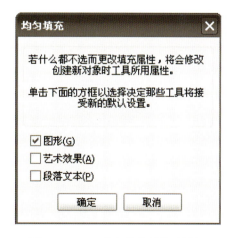

图2-2-18 均匀填充属性对话框

第二篇 珠光宝气

本篇将系统讲述如何使用 CorelDRAW 的绘图工具描绘各种常见宝石。

第三章 常见宝石的品种与琢型

第一节 刻面琢型

该琢型的宝石有许多刻面按一定的规则排列,组成具有一定几何形状的对称多面体。刻面琢型适合于所有的透明宝石,能够充分体现宝石的体色、火彩、亮度和闪烁程度。分四大类:明亮琢型、玫瑰琢型、花式琢型及混合琢型(图 3-1-1)。

圆形明亮琢型　　　方形阶梯琢型　　　橄榄花式琢型　　　明亮阶梯混合琢型

图 3-1-1　刻面琢型宝石

刻面琢型中,最常见的是圆形明亮琢型(图 3-1-2a)和花式琢型。通常说花式琢型时常是指椭圆形(图 3-1-2b)、橄榄形、梨形、心形、三角形等明亮琢型及方形(图 3-1-2c)、祖母

a.圆形明亮琢型　　　b.椭圆明亮琢型　　　c.方形阶梯型　　　d.祖母绿琢型

图 3-1-2　镶有不同琢型宝石的戒指

绿琢型(图3-1-2d)等阶梯琢型。圆形明亮琢型刻面的结构线描图如图3-1-3所示,它可以帮助我们更清楚地了解刻面分布情况。

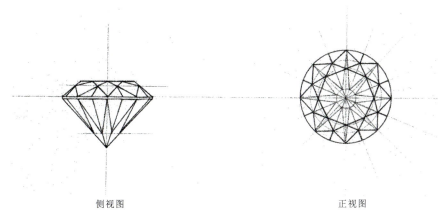

侧视图　　　　　　　　　　　正视图

图3-1-3　圆形明亮琢型的结构线描图

第二节　弧面琢型

弧面琢型指表面突起的、截面呈流线型的、具有一定对称性的琢型。其底面可以是平的或弯曲的、抛光的或不抛光的。此类宝石的特点是加工方便,易于镶嵌,能充分体现宝石的颜色,适用于不透明、半透明,具有特殊光学效应或含有较多包裹体、裂隙等的宝石材料的加工(图3-2-1,图3-2-2)。

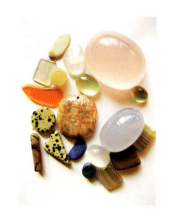

图3-2-1　各种形状的弧面宝石　　　　图3-2-2　弧面型翡翠

第三节　链珠琢型

链珠琢型是指用于珠串的规则或不规则形状的小件宝石。适用于中低档的半透明至不透明的宝石材料特别是玉石材料的加工。如玛瑙、翡翠、绿松石、孔雀石、琥珀、芙蓉石等(图3-

3-1、图 3-3-2)。

图 3-3-1　石榴石珠串吊坠

图 3-3-2　芙蓉石链珠

第四节　异型及雕件

异型指非传统的不同于上述三种的琢型,包括奇想琢型、随形琢型、自由型。

奇想琢型由一系列相互交替的弯曲面和平坦刻面组成。

随形琢型适用于人工或天然滚圆的轮廓不规则的宝石(如雨花石、三峡石等观赏石,图 3-4-1)的加工。

自由型属于混合琢型的一种类型,可根据原石的自然形态将刻面和弧面组合在一起进行琢磨(图 3-4-2)。

雕件是指通过雕刻手段而产生的琢型(图 3-4-3)。

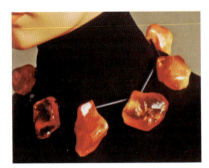

图 3-4-1　随形琥珀

图 3-4-2　镶有水晶晶体的吊坠

图 3-4-3　翡翠雕件

第五节　常见弧面宝石品种与外观特征

一、翡翠

翡翠又名翠玉,是在地质作用下形成的达到玉级的石质多晶集合体。其颜色丰富多彩,其中绿色的为上品,具有油脂光泽至玻璃光泽,高档品皆有玻璃光泽。按颜色可将翡翠分为三种类型。

(1)皮类颜色。指翡翠最外层表皮的颜色,其形成与后期风化作用有关。包括各种深浅不一的红色、黄色和灰色,其特点在靠近原料的外皮部分呈近同心状,红色翡翠常被称作"翡"。

(2)地子色。又称"底子色",有底色之意,指绿色以外的其他颜色,包括深浅不一的白色、油色、藕粉、灰色等。

(3)绿类颜色。指翡翠的本色,包括各种深浅不一的绿色,有时绿中包含着黑色,绿色翡翠常被称作"翠"(图3-5-1)。

二、玛瑙

玛瑙是一种不定形状的矿石,通常有红、黑、黄、绿、蓝、紫、灰等各种颜色,而且一般都会具有各种不同颜色的层状及圆形条纹环带,类似于树木的年轮。其中,蓝、紫、绿玛瑙较高档、稀有,又名玉髓。玛瑙是水晶的基床,有很多水晶生长在玛瑙矿石上,它同水晶一样,也是一种硅矿石,其化学成分为二氧化硅(图3-5-2)。

图3-5-1 翡翠

图3-5-2 玛瑙

三、水晶

水晶是一种稀有矿物,是石英结晶体,在矿物学上属于石英族,其主要化学成分是二氧化硅(化学式为SiO_2)。纯净时形成无色透明的晶体,当含微量元素Al、Fe等时呈紫色、黄色、茶色等,经辐照微量元素形成不同类型的色心,产生不同的颜色,如紫色、黄色、茶色、粉色等。含伴生石的被称为包裹体水晶,如发晶、绿幽灵等,其包裹体为金红石、电气石、阳起石、云母、绿泥石等(图3-5-3)。

四、青金岩

青金岩是以青金石为主要组分的矿物集合体玉石。品质一般的青金岩具粒径近毫米的等粒或不等粒结构,并常与黄铁矿、方解石、透辉石、白云石、金云母等共生,有时还伴有方钠石、蓝方石、方柱石、长石等。黄铁矿等可集中呈条脉,也可星散、间杂分布,在其磨光面上深蓝色背景上往往见到闪光的黄铁矿金星。青金石含量不到一半的低档玉石料则不能被称作青金岩。阿富汗是最著名的青金岩产出国,其他产出国还有俄罗斯、智利以及加拿大等(图 3-5-4)。

图 3-5-3　水晶　　　　　　　　　　　图 3-5-4　青金岩

五、珍珠

珍珠是一种古老的有机宝石,主要产在珍珠贝类和珠母贝类软体动物体内。国际宝石界还将珍珠列为六月生辰的幸运石、结婚十三周年和三十周年的纪念石。珍珠是健康、纯洁、富有的象征,从古至今为人们所喜爱(图 3-5-5)。

六、贝壳

软体动物具有一种特殊的腺细胞,其分泌物可形成保护身体柔软部分的钙化物,这种钙化物被称作贝壳。有些蛤蚌等有壳动物的外壳具有珍珠般的虹彩光泽,因而被用于珠宝业(图 3-5-6)。

图 3-5-5　珍珠　　　　　　　　　　　图 3-5-6　贝壳

第四章　CorelDRAW 刻面宝石的绘制

本章教学内容包括：圆刻面型、椭圆刻面型、梨形明亮型、方形阶梯型、祖母绿琢型宝石的画法；饰品中小颗粒附石的画法。

使用的主要工具包括"矩形"工具、"椭圆形"工具、"多边形"工具、"手绘"工具、"填充"工具、"图框精确剪裁"工具。

第一节　绘图前准备

（1）宝石通常被镶嵌在首饰中，因此在绘制首饰效果图时，往往只表现宝石的正视图。基于此，我们介绍的宝石画法以正视图为主。关于侧视图，本章选择一种琢型作介绍，为后文首饰三视图的学习作准备。

（2）CorelDRAW 中绘制刻面宝石的基本思路与手绘方式是相同的，即先勾画宝石的腰棱轮廓与台面，再为不同刻面渲染颜色，表现出宝石的色彩与质感。因此了解不同宝石的刻面分布情况是绘图的关键之一。常见刻面琢型的样式如图 4-1-1 所示。实际绘制宝石时，可以抓住主要特征，对刻面进行简化，勾画重点刻面即可。

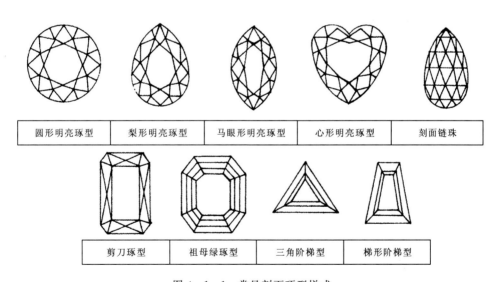

图 4-1-1　常见刻面琢型样式

（3）在 CorelDRAW 中绘制首饰效果图常常按 1∶1 的比例进行，因此图形尺寸会很小，在绘制小宝石时，建议先将轮廓笔的宽度设置为 0.05mm。

第二节　圆形明亮型宝石的绘制步骤（以红宝石为例）

Step1：选择"椭圆"工具，按住 Ctrl 绘制一个圆形。用同样方法使用"矩形"工具绘制一个正方形。选择两个图形，按键盘上的 C、E 使其中心对齐。按住 Shift 键的同时，沿中心调整正方形的大小，使之与圆形内接（可打开"视图"中的"贴齐对象"辅助操作）。调整后的效果如图 4-2-1 所示。

Step2：选择正方形，按 Ctrl+C，再按 Ctrl+V，复制该图形。在属性栏中将旋转角度调整为 45°，如图 4-2-2 所示。

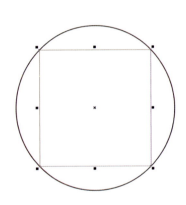
图 4-2-1　圆形的内接正方形

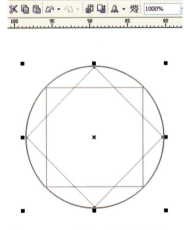
图 4-2-2　复制正方形并旋转

Step3：选择其中一个正方形，打开"造形"泊坞窗，选择"相交"，勾选"来源对象""目标对象"，则光标变成黑箭头，将箭头指向另一个正方形，如图 4-2-3 所示，这样，新生成的那个正八边形就是两个正方形的交集，如图 4-2-4 所示。此时，圆形明亮琢型的刻面绘制成形。

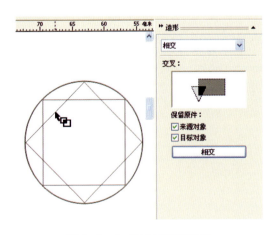
图 4-2-3　两个正方形相交

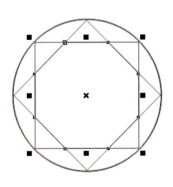
图 4-2-4　相交后的正八边形

Step4:为红宝石渲染底色。选中圆形,选择"交互式填充"工具,在填充类型栏里选择"线性",调整填充路径的方向,并设置两端颜色,从下至上分别为大红色(R166,G23,B64)、浅粉色(R255,G247,B251)。将两个正方形轮廓色设置为白色,如图 4-2-5 所示。

Step5:为正方形添加线性填充,两端颜色从上到下分别为白色和棕红色(R94,G22,B43),如图 4-2-6 所示。

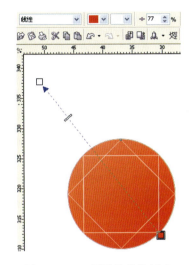 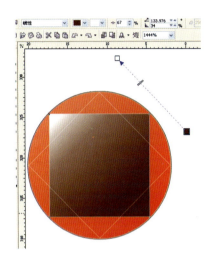

图 4-2-5　圆形的线性填充　　　　图 4-2-6　为正方形添加线性填充

Step6:打开"颜色"泊坞窗,选择浅粉色(R255,G252,B252),由窗口拖至填充路径上,再选择深红色(R186,G55,B92),将显示出的色块也添加到填充路径上,如图 4-2-7 所示。调整色块位置,如图 4-2-8 所示。

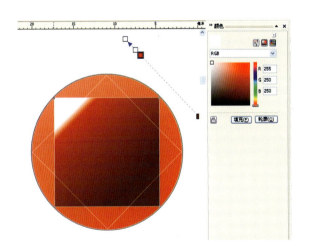 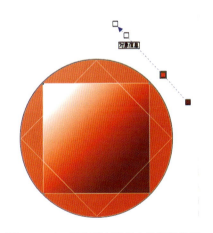

图 4-2-7　在填充路径上添加颜色　　　　图 4-2-8　调整填充路径上的颜色位置

Step7:为另一个正方形添加线性填充,如图 4-2-9 所示。填充路径上的三个颜色分别为(R255,G199,B208)、(R158,G6,B6)、(R82,G1,B1)。这样,该琢型的星小面被渲染完成。

Step8:渲染宝石台面。为正八边形添加线性填充,要注意此时填充的明暗效果与第一个正方形相反,由此形成宝石台面的错觉。如图4-2-10所示。填充路径上的颜色分别为(R48,G4,B19)、(R179,G41,B80)、(R191,G63,B106)、(R255,G252,B252)、(R055,G255,B255)。此时,宝石冠部刻面基本成形。

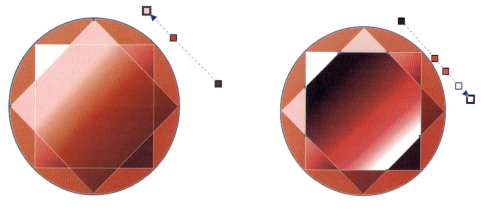

图4-2-9 另一个正方形的线性填充　　　图4-2-10 正八边形的线性填充

Step9:绘制宝石亭部刻面的边棱。使用"星形"工具("对象展开式"工具中的第二个工具),移动鼠标的同时,按住CTRL键创建一个正八角星形,如图4-2-11所示。激活"形状"工具,并按住CTRL键,沿中心移动八角星的节点,调整其尖锐度,如图4-2-12所示。

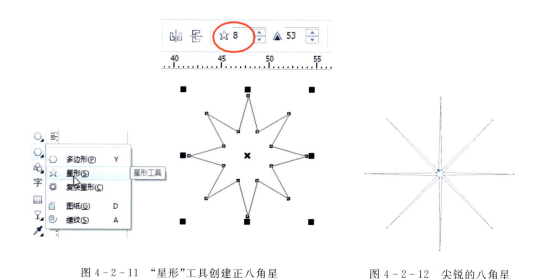

图4-2-11 "星形"工具创建正八角星　　　图4-2-12 尖锐的八角星

Step10:填充八角星为白色,将其设置为无边框(很重要),如图4-2-13所示。将八角星移至宝石中心,如图4-2-14所示。

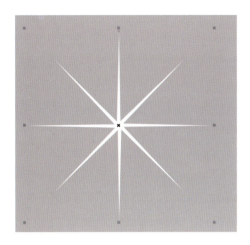 

图 4-2-13　填充白色、无边框的八角星　　图 4-2-14　移至宝石中心的八角星

Step11：使用"交互式透明"工具，设置八角星的透明度为 31 左右，如图 4-2-15 所示。添加细节，表示闪烁效果，如图 4-2-16 所示。

以圆形明亮琢型宝石为基础，进行将其水平方向缩小的操作，便可获得椭圆明亮琢型宝石，如图 4-2-17 所示（椭圆形宝石的长宽比一般为 3∶2 或 4∶3）。

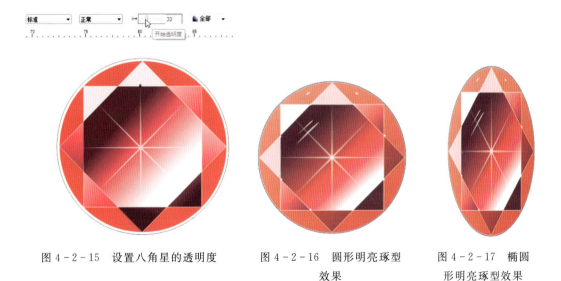

图 4-2-15　设置八角星的透明度　　图 4-2-16　圆形明亮琢型　　图 4-2-17　椭圆
　　　　　　　　　　　　　　　　　　　　　　效果　　　　　　　　　　形明亮琢型效果

第三节　梨形明亮型宝石的绘制步骤（以蓝宝石为例）

Step1：使用"椭圆形"工具绘制一个 18mm×12mm 的椭圆，如图 4-3-1 所示。右键点选椭圆，在弹出的对话框中选择"转化为曲线"（或按快捷键 Ctrl+Q）将椭圆转化为曲线。使用"形状"工具编辑节点，如图 4-3-2 所示。编辑完成后，宝石的梨形轮廓形成，如图 4-3-3 所示。

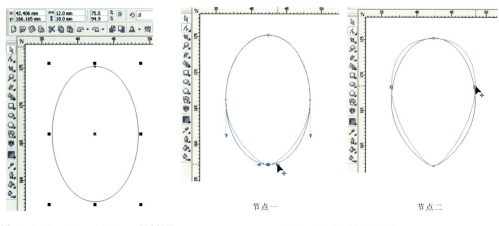

图 4-3-1　18mm×12mm 的椭圆　　　　图 4-3-2　编辑节点

Step2：打开"视图"中的"贴齐对象"，使用"矩形"工具，紧贴椭圆轮廓上的两点创建如图 4-3-4 所示的矩形。按 Ctrl+Q 将矩形转换为曲线。使用"形状"工具编辑节点，如图 4-3-5 所示，使之成为椭圆的内接梯形，如图 4-3-6 所示。

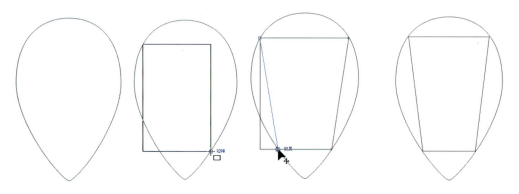

图 4-3-3　梨形　　图 4-3-4　创建矩形　　图 4-3-5　编辑节点　　图 4-3-6　椭圆的内接梯形

Step3：使用"贝塞尔"工具，贴齐水滴形的四个节点，绘制椭圆的一个内接四边形，如图 4-3-7 所示。使用"造形"工具的相交命令，剪出两个四边形相交部分，如图 4-3-8 所示。这样，梨形明亮型宝石的刻面绘制完毕，如图 4-3-9 所示。

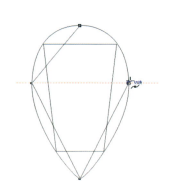

图 4-3-7　绘制内接四边形

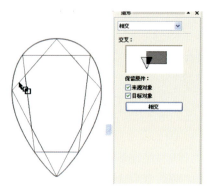

图 4-3-8　两个四边形相交

Step4：为梨形轮廓添加线性填充，渲染蓝宝石底色，如图 4-3-10 所示。路径两端颜色从上至下分别为(R175,G180,B247)、(R46,G44,B158)。

Step5：将两个四边形轮廓设置为白色。为其中的梯形添加线性填充，如图 4-3-11 所示。路径上的颜色（从上至下）分别为(R255,G255,B255)、(R65,G72,B168)、(R12,G16,B59)。

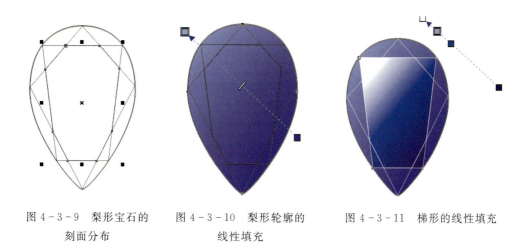

图 4-3-9　梨形宝石的刻面分布　　图 4-3-10　梨形轮廓的线性填充　　图 4-3-11　梯形的线性填充

Step6：为另一个四边形添加线性填充，如图 4-3-12 所示。路径上的颜色（从上至下）分别为(R255,G255,B255)、(R229,G231,B255)、(R34,G40,B130)。

Step7：渲染宝石台面。为中间的八边形添加线性填充，如图 4-3-13 所示。路径上的颜色（从上至下）分别为(R13,G19,B94)、(R161,G172,B247)、(R255,G255,B255)。

Step8：添加宝石亭部刻面的边棱。我们可以将本章第二节学习过程中制作好的亭部边棱复制过来，直接应用。因为明亮琢型的亭部八根边棱与台面八个星小面顶点是对齐的，而梨形非中心对称图形，因此八个边棱的相对位置与圆形明亮琢型有差别，如果要绘制十分标准的梨形，需要分别调整几个尖角的位置。其具体操作为：选择八角星形，按 Ctrl+Q "转换为曲线"，再结合"形状"工具调整尖角处的节点到合适位置。最终效果如图 4-3-14 所示。

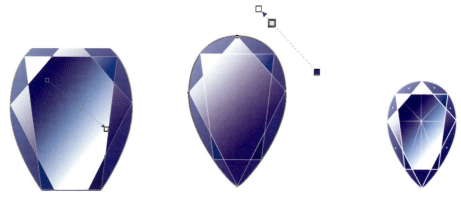

图 4-3-12　四边形的线性填充　　图 4-3-13　台面的线性填充　　图 4-3-14　梨形宝石的效果

第四节　方形阶梯型宝石的绘制步骤

Step1：选择"基本形状"工具，在"完美形状"下拉菜单中选择棱台，如图4-4-1所示。调整图形大小为18mm×12mm。移动图形上的红点，修改造型，形成阶梯型宝石的刻面样式，如图4-4-2所示。

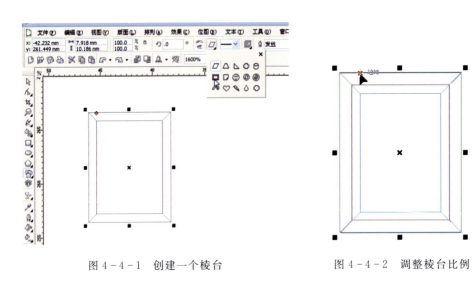

图4-4-1　创建一个棱台　　　　　　　　图4-4-2　调整棱台比例

Step2：紧贴图形外轮廓绘制一个矩形，作为宝石外轮廓；再紧贴内部轮廓绘制一个矩形，作为宝石台面，如图4-4-3所示。

Step3：使用"贝塞尔"工具在台面中间绘制如图4-4-4所示的三段线条，作为宝石亭部边棱。

Step4：将宝石外轮廓保留为黑色，将其他图形的轮廓设置为白色。选中上层的棱台造型，添加线性填充，如图4-4-5所示。填充路径上的颜色（从上至下）分别为（R255，G255，B255）、（R9，G135，B0）、（R8，G74，B3）。

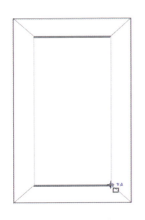 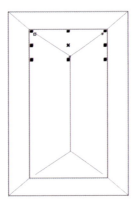 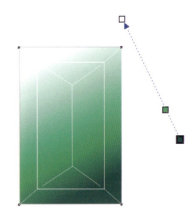

图4-4-3　绘制台面　　　图4-4-4　绘制亭部边棱　　　图4-4-5　棱台的线性填充

Step5:渲染宝石台面。为中间的矩形(即宝石台面)添加线性填充,如图4-4-6所示。填充路径上的颜色(从上至下)分别为(R9,G59,B6)、(R11,G143,B2)、(R86,G255,B74)、(R243,G252,B242)。

Step6:为亭部边棱添加透明效果,将透明度设为50左右,如图4-4-7所示。添加反光线条,绘制完成后的效果如图4-4-8所示。

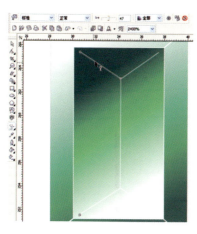

图4-4-6 台面的线性填充　　图4-4-7 为亭部边棱添加透明效果　　图4-4-8 方形阶梯琢型效果

框选方形阶梯宝石,再使用"封套"工具进行编辑。选择属性栏中封套的直线模式,如图4-4-9a所示,并按住Shift将上端形态对称缩小,如图4-4-9b所示,由此可以形成梯形阶梯琢型,如图4-4-10所示。

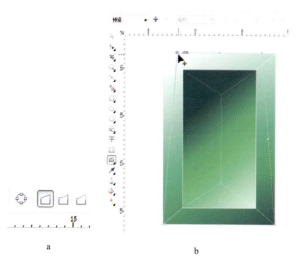

图4-4-9 使用直线封套编辑上部造型　　图4-4-10 梯形阶梯琢型效果

第五节　祖母绿琢型宝石的绘制步骤

Step1：绘制 18mm×12mm 的矩形和一个较大的正方形，将正方形旋转 45°，与矩形中心对齐，如图 4-5-1 所示。打开"造形"窗口，选择"相交"命令（"来源对象""目标对象"都不选）。对矩形与正方形执行"相交"命令，两个图形的交集为八边形，形成祖母绿琢型的外轮廓，如图 4-5-2 所示。

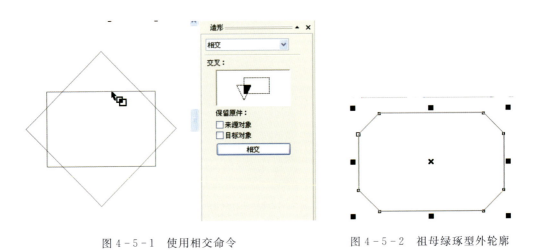

图 4-5-1　使用相交命令　　　　　　图 4-5-2　祖母绿琢型外轮廓

Step2：使用"交互式轮廓图"工具，向内创建三到四个轮廓线，如图 4-5-3 所示。右键点选图形，在弹出的对话框中选择"打散轮廓图群组"，然后删去最内部的矩形，在相应位置绘制细长的八边形，表示宝石亭部刻面边棱，如图 4-5-4 所示。

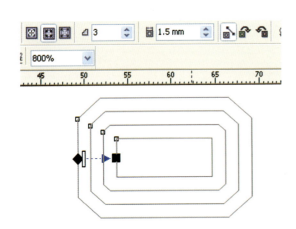 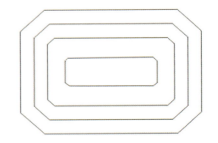

图 4-5-3　使用"交互式轮廓图"工具　　　图 4-5-4　祖母绿琢型阶梯刻面轮廓

Step3：绘制八根直线段，连接三个八边形相对应的八个顶点，形成冠部侧刻面和角刻面，如图 4-5-5 所示。在最里面的八边形中间绘制如图 4-5-6 所示的直线段，表示宝石亭部其他刻面的边棱。祖母绿琢型宝石的刻面分布如图 4-5-7 所示。

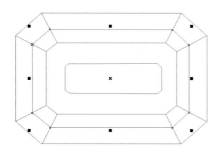
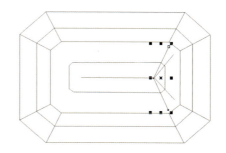

图4-5-5　完成冠部刻面　　　　图4-5-6　绘制宝石亭部刻面的边棱

Step4:渲染宝石底色。为最外围八边形(即第二阶梯面)添加线性填充,如图4-5-8所示。填充路径上的颜色(从上至下)分别为(R33,G2,B48)、(R94,G47,B145)、(R153,G106,B201)、(R251,G247,B255)。

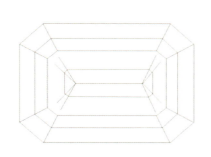
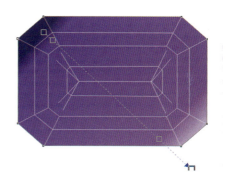

图4-5-7　祖母绿琢型的刻面分布　　　　图4-5-8　第二阶梯面的线性填充

Step5:为向内第二个八边形(即第一阶梯面)添加线性填充,如图4-5-9所示。填充路径上的颜色(从上至下)分别为(R255,G255,B255)、(R191,G157,B227)、(R153,G109,B201)、(R62,G22,B105)、(R50,G23,B69)。

Step6:渲染冠部台面。为向内第三个八边形(即台面)添加线性填充,如图4-5-10所示。填充路径上的颜色(从上至下)分别为(R3,G0,B5)、(R62,G22,B105)、(R153,G109,B201)、(R251,G247,B255)。

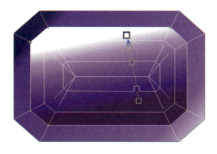

图4-5-9　第一阶梯面的线性填充　　　　图4-5-10　台面的线性填充

Step7：使用"交互式阴影"工具为最外侧的八边形添加阴影效果，如图 4-5-11 所示。将透明度设置为 12，将羽化设置为 6，将阴影颜色设置为（R171，G168，B182），如图 4-5-12 所示。不同颜色祖母绿琢型宝石的效果如图 4-5-13 所示。

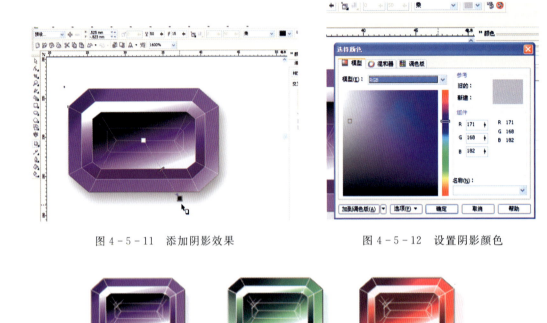

图 4-5-11　添加阴影效果　　　　　　图 4-5-12　设置阴影颜色

图 4-5-13　不同颜色的祖母绿琢型宝石

第六节　群镶附石的绘制与透视表现

以上几种常见刻面琢型的画法对于大颗粒主石的绘制非常适用，图 4-6-1 展示了位于吊坠中心的黄色水晶。但对于密钉镶的首饰款式，由于所用宝石颗粒小、数量多，如果选用以上画法，CorelDraw 文件大小会倍增，影响操作速度。因此，对于小颗宝石（如图 4-6-1 所示吊坠的附石），建议简化操作步骤。由于宝石颗粒小，这种简化不会影响最后画面效果。

图 4-6-1　吊坠款式

一、群镶附石的绘制

Step1：参照圆形明亮型宝石的绘制步骤 Step1、Step2，创建一个圆形（大约 4mm）与两个内接的正方形，如图 4-6-2 所示。

Step2：将两个正方形轮廓设定为白色。选择其中的圆形，根据需要，为其添加线性填充，如图 4-6-3 所示。

Step3（该步骤可省略）：选择其中未旋转的正方形，为其添加线性填充，颜色深浅渐变的方向与圆形相反,表现刻面的立体效果。小颗粒宝石最终效果如图4-6-4所示。

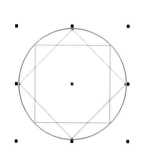  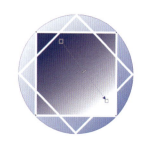

图4-6-2 宝石刻面轮廓　　图4-6-3 圆形的线性填充　　图4-6-4 正方形的线性填充

二、群镶附石的透视表现

对于密钉镶的首饰款式,其宝石通常被镶嵌在曲面的金属上,因此呈现出明显的透视效果,如图4-6-5所示。透视效果的表现这对于这种款式的效果图来说是关键,以下就以球面和单弧面造型为例,说明如何表现密钉镶宝石的透视效果。

1. 球面钉镶效果的绘制

宝石在球面上从中心往四周逐渐变小。以下介绍的绘制方法便根据这一透视特征由中心往外逐步创建宝石。

图4-6-5 三维造型上的密钉镶

Step1:创建一个圆形(参考尺寸为18mm),表示球面金属的俯视图,将钉镶的小颗粒宝石(组合操作)放置在圆心(也可以用无填充的圆形表示小颗粒宝石)。复制一颗宝石紧贴圆心宝石外侧,如图4-6-6所示。

Step2:打开"变换"泊坞窗,选择"旋转"()命令,将其角度调整为60°;点选外侧的宝石,将大圆圆心设置为旋转中心(非常重要),如图4-6-7所示。点选泊坞窗的"应用到再制",以大圆圆心为旋转中心,将外侧宝石复制并旋转60°。点选五次,在中心外围复制五颗宝石,如图4-6-8所示。

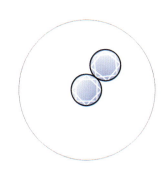 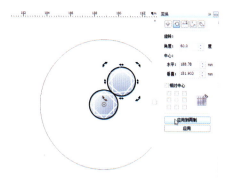

图4-6-6 置于圆心及其外侧的两颗宝石　　图4-6-7 "变换"泊坞窗中的"旋转"工具

Step3:紧贴已有宝石外侧复制一颗宝石,使用"缩放"操作将其制成椭圆,表现球面的透视效果,如图4-6-9所示。

Step4:利用"旋转"工具,旋转并复制椭圆宝石,如图4-6-10所示。缩小宝石,并继续向外围执行"旋转复制"命令,如图4-6-11所示。

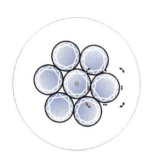
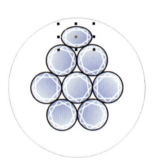
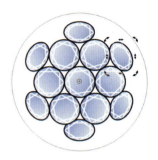

图4-6-8 旋转并复制五颗宝石　　图4-6-9 调整为椭圆的宝石　　图4-6-10 向外旋转并复制六颗宝石

Step5:继续旋转并复制宝石,直至覆盖整个大圆,至此,球面的宝石排列完成,如图4-6-12所示。

Step6:在相邻的三颗宝石中间创建圆形,填充白色,表现钉镶镶爪,如图4-6-13所示。

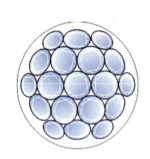
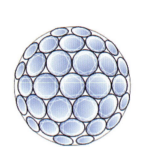
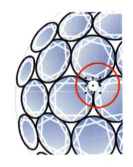

图4-6-11 继续向外围复制宝石　　图4-6-12 球面宝石排列　　图4-6-13 创建钉镶镶爪

Step7:完成所有的钉镶镶爪,并给底部大圆添加线形填充,如图4-6-14所示,至此,结束球面钉镶款式的绘制。实际设计工作中,考虑到效率问题,可以用填充白色的圆形表示小宝石,如此,简化后的效果如图4-6-15所示。

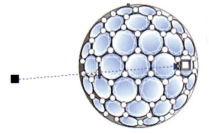
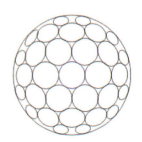

图4-6-14 球面钉镶的最终效果　　图4-6-15 简化后的效果

2. 弧面钉镶效果的绘制

利用不同弧面造型,可使密钉镶宝石呈现不同的透视效果,设计人员需根据实际情况处理。以下列举了三种典型金属造型上的宝石透视效果(图4-6-16),可使读者参考练习。

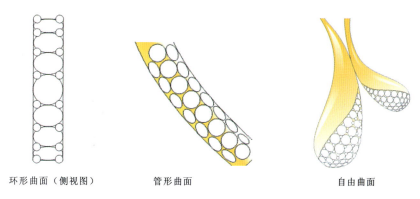

环形曲面(侧视图)　　管形曲面　　自由曲面

图4-6-16　密钉镶的不同透视效果

第七节　圆形和椭圆形明亮琢型的侧视图画法

前文提到,一般情况下,为表现首饰效果只需使用宝石的正视图,但我们有时需要展现宝石的侧视效果(如图4-7-1所示的戒指的前视图)。

下面介绍在效果图中出现最多的圆形明亮琢型的侧视图画法,其步骤如下。

Step1:参考如图3-1-3所示的宝石侧面结构,我们将绘制一个梯形表示宝石的冠部,绘制一个三角形表示亭部。点选"基本形状"工具,如图4-7-2所示,然后在属性栏"完美形状"的下拉菜单中点选梯形,如图4-7-3所示。利用"梯形"工具创建如图4-7-4所示的梯形,表示宝石冠部。调整红色控制点,使其短边为长边的1/2左右,参考尺寸为10mm×1.6mm。

图4-7-1　戒指的前视图　　图4-7-2　"基本形状"工具　　图4-7-3　"完美形状"中的梯形

Step2:点选"多边形"工具,将修改边数设为3,创建如图4-7-5所示的等腰三角形,其长边与梯形等长,表示宝石亭部,参考尺寸为10mm×4.4mm。将三角形与梯形上下相邻排列,形成宝石侧面轮廓,如图4-7-6所示。宝石轮廓的长宽比控制在5:3左右。

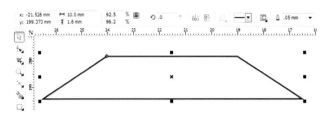

图 4-7-4 "完美形状"中的梯形

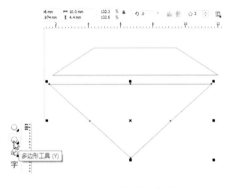

图 4-7-5 创建三角形

图 4-7-6 宝石轮廓

Step3:利用"多边形"工具,将修改边数设为 4,创建如图 4-7-7 所示的菱形,将菱形与梯形中心对齐。调整菱形与梯形,使二者等高,如图 4-7-8 所示。

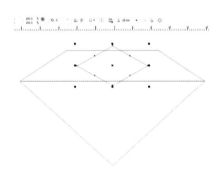

图 4-7-7 创建菱形

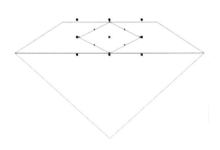

图 4-7-8 调整四边形高度

Step4:利用"贝塞尔"工具,绘制如图 4-7-9 所示的四边形,表示宝石的"风筝面"。复制该四边形,左右镜像,并将其平移至梯形右侧,如图 4-7-10 所示。

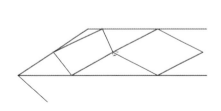

图 4-7-9 绘制四边形

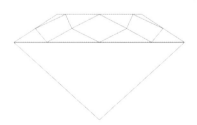

图 4-7-10 右侧四边形

Step5:贴齐相邻风筝面的下顶点与亭部末端顶点,创建两个直角三角形,表示宝石亭部刻面,如图4-7-11所示。

Step6:为梯形,即宝石冠部添加线性填充,如图4-7-12所示。为亭部的两个直角三角形添加线性填充,如图4-7-13所示。将冠部与亭部小刻面的轮廓设置为白色,宝石侧视效果图完成,如图4-7-14所示。

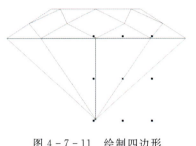
图4-7-11 绘制四边形

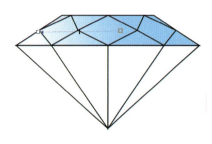
图4-7-12 右侧四边形

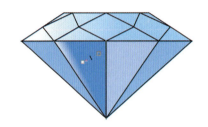
图4-7-13 为亭部刻面添加线性填充

图4-7-14 圆明亮琢型侧视图

第八节 刻面链珠的画法(以水滴形为例)

Step1:使用"图纸"工具,按住Ctrl,绘制一个8行8列的正方形网格,如图4-8-1所示。将网格旋转并横向压缩,将其轮廓改为浅粉色,如图4-8-2所示。

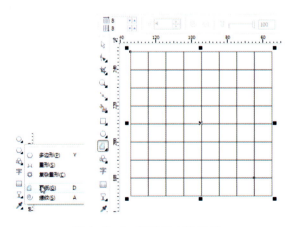
图4-8-1 创建正方形网格

图4-8-2 修改后造型

Step2：绘制一个水滴造型，添加射线填充，表现水滴形链珠的立体效果，如图4-8-3所示。将网格置于水滴造型上方，选择水滴造型，启用"造形"的相交命令，勾选"来源对象"，点击"相交"后，将箭头指向网格，如图4-8-4所示。

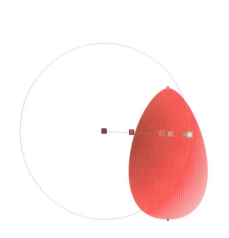
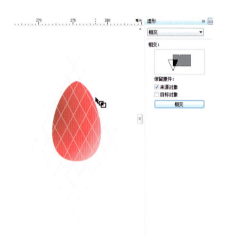

图4-8-3　水滴造型的射线填充　　　　图4-8-4　网格与水滴造型相交

Step3：选中相交后图形，点击"取消群组"图标或按快捷键Ctrl＋U，这样水滴造型被分割成若干网格块，如图4-8-5所示。

Step4：为网格块添加不同的颜色填充，表现出刻面效果。为中上部的一个网格块填充白至浅粉色作为高光区，如图4-8-6所示；为高光周围的网格块填充深色作为阴影区域，如图4-8-7所示；最后渲染右下部分的反光区域，如图4-8-8所示，刻面链珠完成。用同样方法可以绘制不同颜色的链珠，如图4-8-9所示。

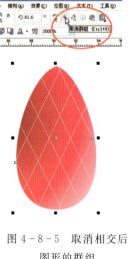

图4-8-5　取消相交后　　　图4-8-6　确定刻面　　　图4-8-7　填充刻面
　　　　　图形的群组　　　　　　　　链珠高光区　　　　　　　链珠阴影区

图 4-8-8　填充刻面　　　　图 4-8-9　刻面链珠效果
　　　　链珠反光区

附　"星光闪烁"的表现方法

明亮、璀璨是首饰美的重要表征,绘制首饰效果图时,一两处的星光闪烁会让画面更生动,成为画龙点睛之笔。这种效果制作起来很简单,其步骤如下。

(1)使用"多边形"工具绘制一个四边形(图 a),填充白色(无轮廓,图 b)。使用"形状"工具,按住 Ctrl 的同时将各边中点向中心移,形成十字造型(图 c)。

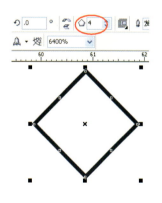 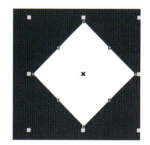 

　图 a　创建四边形　　　图 b　设置填充与轮廓　　　图 c　编辑造型

(2)为十字造型添加标准透明效果,将透明度设为 93(图 d)。选中该图形,按小键盘上的"+",在当前位置复制该图形,将复制的图形按住 Ctrl 沿中心向内缩小(图 e),并将其透明度改为 87。为两个十字造型添加交互式调和效果,产生星光(图 f)。星光加在宝石上效果如图 g 所示。

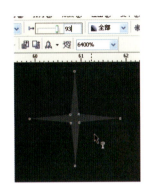

图 d　添加透明效果

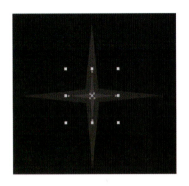

图 e　复制并沿中心缩小

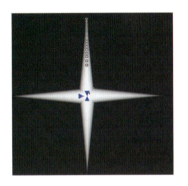

图 f　建立交互式调和

图 g　星光效果

第九节　本章要点与技巧总结

（1）在 CorelDRAW 中表现刻面宝石有两种不同方式：对于大颗粒主石，应勾画出各个小刻面，再分别填充颜色；对于小颗粒附石，应省略刻面或用单色圆形表示。

（2）熟悉不同琢型宝石刻面的分布情况，绘制刻面宝石，通常先使用"形状"工具勾画出不同刻面外形，再填充颜色，因此每个刻面都应是闭合图形。

（3）注意密钉镶宝石呈现的透视效果。

（4）了解宝石光影效果及其规律，按照这种规律对不同刻面施加合适的渐变颜色填充。本书中所提供的颜色数据只是供初学者参考，只要熟悉宝石品种外观，并掌握了上述规律，读者可以凭感觉选择颜色。因此与手绘相同，CorelDRAW 首饰绘图同样要求设计师具备对颜色的敏锐观察力和对光影效果的想象力。

第五章　CorelDRAW 弧面宝石的绘制

　　弧面宝石因其化学成分、结构和内含物的不同呈现出各异的颜色与纹样,而 CorelDRAW "底纹填充"工具所提供的某些底纹具有与之非常相似的效果,只需调整底纹的颜色与单元大小,便能形象地绘出弧面宝石的外观。绘制宝石基本思路如下:首先用"贝塞尔"或"椭圆"工具勾画宝石外轮廓(如常见的椭圆形、水滴形);然后对其实施底纹填充;最后根据宝石形态,使用"交互式调和"工具在宝石物体上勾画合适造型的高光区,让物体呈现立体效果。

　　宝石的外观千变万化,同一类宝石的不同个体也会有细微的不同,因此本章中所列出的颜色参数只是一种填色可能,仅供参考。实际绘图时,读者可根据经验或参照实物,在"颜色"窗口的调色盘中自行选择颜色。

　　本章教学内容为翡翠、玛瑙、青金岩、孔雀石、绿松石、星光宝石等的画法。

　　利用的主要工具为"贝塞尔"工具、"钢笔"工具、"渐变填充"工具、"底纹填充"工具、"交互式透明"工具、"交互式调和"工具。

第一节　絮状底纹的应用

以下介绍教学范例 1——椭圆形翡翠的绘制方法。

1. 绘制流程(图 5-1-1)

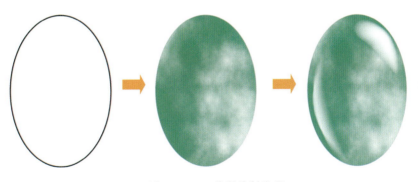

图 5-1-1　翡翠绘制流程

2. 绘制步骤

　　Step1:使用"椭圆形"工具勾画宝石轮廓,长宽比为 3∶2 左右,轮廓颜色为深褐色,表示翡翠的轮廓,如图 5-1-2 所示。

　　Step2:选中椭圆物体,单击"填充"工具,在下拉菜单中点击底纹填充图标,在弹出的对话框的"底纹库"中选择"样品 6","底纹列表"中选择"棉花糖",并将"天空"与"云"分别修改为深绿(R69,G145,B107)与淡绿色(R242,G242,B230),如图 5-1-3 所示。底纹填充后表现出玉石的絮状结构效果，如图5-1-4所示。

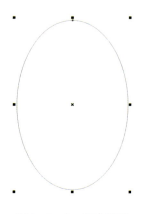

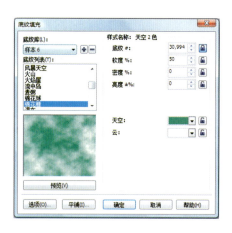

图5-1-2 创建椭圆　　　　　　　图5-1-3 自定义底纹颜色参数

　　Step3：编辑底纹纹样。要得到满意的底纹效果，可以点选"底纹填充"对话框中的"预览"，选择一个随机生成的合适效果。点选椭圆，再选择"交互式填充"工具，这样椭圆上出现带有两个坐标的虚线框，它们分别表示底纹单元的大小与形状，调整两个坐标的长短与方向，将轮廓内的纹样调整至最佳效果，如图5-1-5所示。

 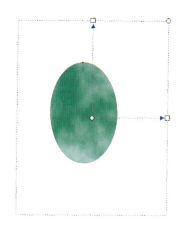 

图5-1-4 添加底纹的椭圆形　　图5-1-5 编辑底纹单元　　图5-1-6 编辑结束

　　以下在Step4至Step6中将创建光斑。
　　Step4：使用"贝塞尔"或"钢笔"工具创建一大一小两个光斑造型的物体，小物体在上层，两物体相对位置如图5-1-7所示（注意保证两物体使用的节点数相同，并尽量少于四个）。将物体填充为白色（无轮廓）（为便于显示，将图形放在黑色背景上）。
　　Step5：单击"交互式"工具栏，在下拉菜单中选择"交互式透明"工具，分别为两个物体添加透明效果，将上层小物体透明度设为86，将下层设为90（图5-1-8、图5-1-9）。

 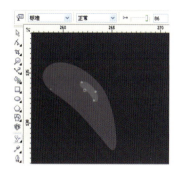 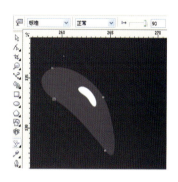

图 5-1-7 创建两个光斑造型　　图 5-1-8 上层物体的透明效果　　图 5-1-9 下层物体的透明效果

Step6：单击"交互式"工具栏，在下拉菜单中选择"交互式调和"工具，将光标从上层物体移至下层物体，生成一个交互式调和组，形成发光效果，这就是弧面翡翠一侧的光斑（图5-1-10）。用同样的方法绘制另一侧的光斑（图5-1-11）。

Step7：将光斑放在椭圆对象上，调整位置与大小，弧面宝石的立体效果便被展现出来（图5-1-12）。

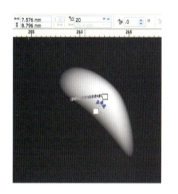  

图 5-1-10 交互调和效果　　图 5-1-11 另一个光斑　　图 5-1-12 弧面翡翠的立体效果

以下介绍教学范例2——翡翠平安扣的绘制方法。

1. 绘制流程（图 5-1-13）

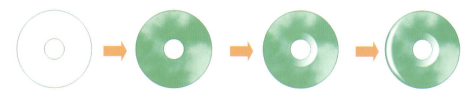

图 5-1-13 平安扣绘制流程

2. 绘制步骤

Step1：点选工具栏中的"基本形状"工具( )并在属性栏里选择圆环(图 5-1-14)。在工作区创建一个圆环，表示平安扣的轮廓，将其大小设置为 25～40mm(图 5-1-15)。

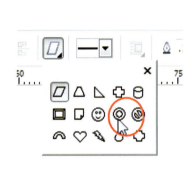

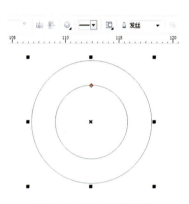

图 5-1-14 "基本形状"工具中的圆环　　图 5-1-15 创建圆环

Step2：点选"形状"工具，调整圆环比例(图 5-1-16)。将内圈直径调整为外圈的 1/4 左右，并将轮廓颜色设置为墨绿色(图 5-1-17)。

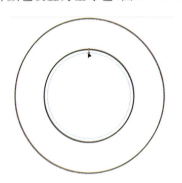

图 5-1-16 调整圆环内外直径比例　　图 5-1-17 墨绿色平安扣轮廓

Step3：为圆环添加底纹。点击"样本 6"中的"废气"，设置"背景"与"碎步"颜色分别为深浅不同的绿色(图 5-1-18)。本例中的颜色为：背景(R3,G158,B69)；碎步(R148,G247,B168)。

Step4：再创建一个较小的圆环，其内圈与平安扣内圈重合(图 5-1-19)。为小圆环填充白色(无轮廓)，再添加线形透明度，表现平安扣中心处的反光(图 5-1-20)。

Step5：绘制平安扣外侧月牙形的光斑。创建一个与平安扣等大的圆形以及一个稍大

图 5-1-18 添加"废气"底纹填充

的椭圆(图5-1-21)。打开"造型"泊坞窗,使用"修建"工具,将位于椭圆以内的圆形修剪掉,得到一个月牙造型(图5-1-22)。

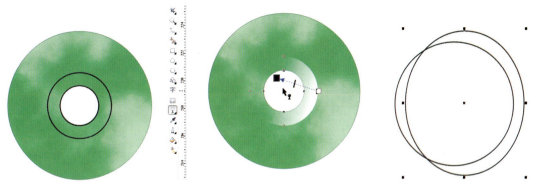

图5-1-19 创建小圆环　　图5-1-20 添加线性透明效果　　图5-1-21 创建圆形与椭圆

Step6:将月牙造型放置在平安扣外侧,并添加线形透明效果,渐变方向与中心处圆环的透明渐变方向相反(图5-1-23)。至此,我们便绘制了一颗翡翠平安扣(图5-1-24)。

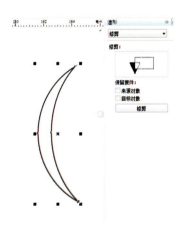
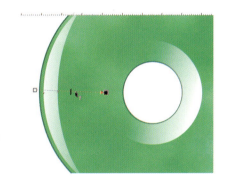

图5-1-22 修剪后得到月牙形　　　　图5-1-23 为月牙形添加渐变透明效果

我们可以调整圆环造型的内外圈直径比例以及底纹颜色,绘制不同颜色品种的玉石平安扣。如图5-1-25所示为红色翡翠平安扣。

图5-1-24 翡翠平安扣效果　　　图5-1-25 红色翡翠平安扣效果

以下介绍教学范例3——芙蓉石的绘制方法。

1. 绘制流程(图5-1-26)

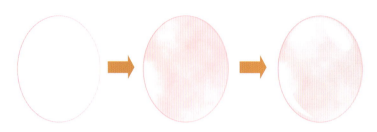

图5-1-26　芙蓉石绘制流程图

2. 绘制步骤

Step1：创建一个椭圆，表示芙蓉石轮廓。为其添加底纹填充，在"底纹库"中选择"样本6"，在"底纹列表"中选择"棉花糖"(图5-1-27)。"棉花糖"底纹呈现出絮状图案，粉红与白色相间，与芙蓉石非常相似，但颜色饱和度较高。修改"天空"色，降低饱和度，如在本例中改为(R255, G201, B209)。

Step2：创建一个椭圆和一个月牙形，填充白色，并添加线形透明效果(图5-1-28)，表示弧面芙蓉石上的反光。

Step3：将反光斑物体放置在带有底纹填充的椭圆上，椭圆弧面形芙蓉石绘制结束(图5-1-29)。

图5-1-27　添加"棉花糖"底纹

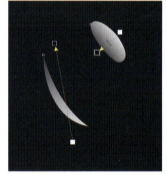

图5-1-28　光斑物体

图5-1-29　椭圆弧面形芙蓉石

第二节　条带状底纹的应用

以下介绍教学范例4——红玛瑙绘制方法。

1. 绘制流程(图 5-2-1)

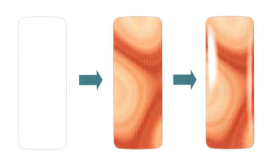

图 5-2-1 红玛瑙绘制流程

注：玛瑙以"条带"著称，色彩种类丰富。颜色、形态各异的条纹，有的像眼睛，有的像植物，有的甚至酷似一幅风景画，这些奇妙的"条带"能引发出无穷的想象。

2. 绘制步骤

Step1：使用"矩形"工具绘制一个矩形(参考大小为 11mm×30mm)，并在属性栏中将其边角圆滑度修改为 20(图 5-2-2)。

Step2：选中圆角矩形，单击鼠标右键，在弹出的菜单中选择"转换为曲线"(或按快捷键 Ctrl+Q)(图 5-2-3)。这样，该物体被转变为可进行形状编辑的曲线。

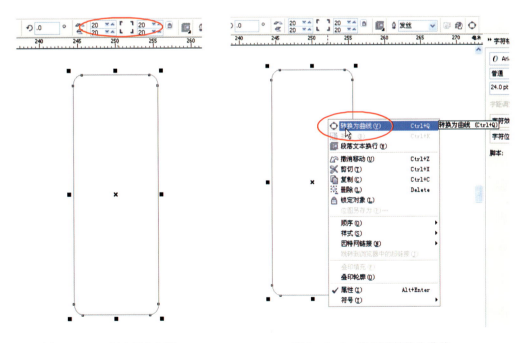

图 5-2-2 创建圆角矩形　　　　图 5-2-3 将矩形转换为曲线

Step3：单击"形状"工具图标，再单击图形顶部的线段，在属性栏中点击"转换直线为曲线"图标，此时该线段由直线变为曲线(图 5-2-4)。将光标放置在线段中间，当光标尾部出现 S

形图案,按住鼠标左键,稍稍上移,此时直线变为微微凸起的弧线(图5-2-5)。对图形下端线段做相似编辑,最后效果如图5-2-6所示。

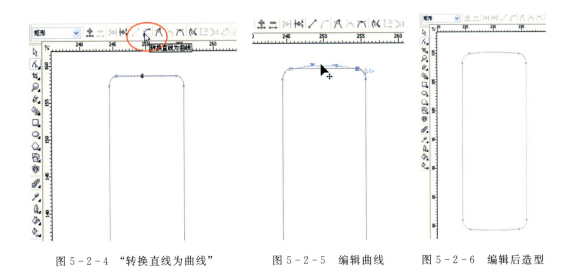

图5-2-4 "转换直线为曲线"　　　图5-2-5 编辑曲线　　　图5-2-6 编辑后造型

Step4:为调整好的图形进行底纹填充,单击"底纹填充"图标,在对话框中选择"样本9"中"猫头鹰的眼睛",修改"第1色"为(R168,G41,B38),"第2色"为(R255,G201,B153)(图5-2-7)。

Step5:单击"交互式填充"图标,在图形上出现了带有两个坐标的虚线框,它们分别表示底纹单元的大小与形状,调整两个坐标的长短与方向,将轮廓内的纹样调整至最佳效果(图5-2-8)。

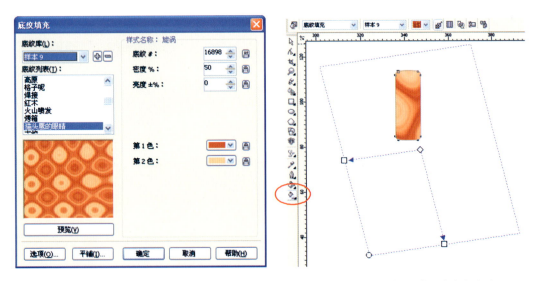

图5-2-7 自定义底纹颜色　　　　　图5-2-8 调整底纹单元大小与方向

Step6:使用"交互式调和"工具绘制如图5-2-9所示的两块高光斑,具体方法同前例。

Step7：将光斑放在图形适当位置，调整其位置与大小，弧面宝石的立体效果便展现出来（图5-2-10）。

图5-2-9　创建光斑

图5-2-10　红玛瑙效果

第三节　其他底纹的应用

以下介绍教学范例5——青金岩的绘制方法。

1. 绘制流程(图5-3-1)

图5-3-1　青金岩绘制流程图

注：青金石(岩)呈蓝紫色，由几种矿物组成，因含方解石，使青金石(岩)带白斑；因含少量的黄铁矿，使青金石(岩)显黄铜状闪光。

2. 绘制步骤

Step1：使用"贝塞尔"或"钢笔"工具绘制青金岩宝石的轮廓，使用尽量少的节点以保证轮廓线流畅光滑，轮廓为深褐色(图5-3-2)。

Step2：选中上述物体，单击"填充"工具，在下拉菜单中点击"底纹填充"图标，在弹出的对话框的"底纹库"中选择"样式"，在"底纹列表"中选择"5色表面"，并修改"高色调"为(R84,G84,B232)，"亮度"为(R191,G204,B250)(图5-3-3)。

再单击"交互式填充"工具，在图形上出现带有两个坐标的虚线

图5-3-2　青金岩轮廓

框,它们分别表示底纹单元的大小与形状,调整两个坐标的长短与方向,将轮廓内的纹样调整至最佳效果(图5-3-4)。

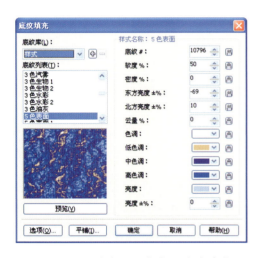

图5-3-3 自定义"5色表面"颜色参数

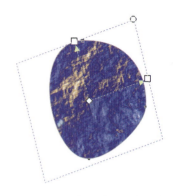

图5-3-4 调整底纹单元的大小与方向

Step3:使用"贝塞尔"工具创建一大一小两个光斑造型的物体(或者复制上例中翡翠的光斑造型),小物体在上层,两物体相对位置如图5-3-5所示(注意保证两物体使用的节点数相同,并尽量少于四个)。将物体填充为白色(无轮廓)。

Step4:单击"交互式"工具栏,在下拉菜单中选择"交互式透明"工具,分别为两物体添加透明效果,将上层小物体透明度设为90,将下层设为95。对于青金岩这类颜色较深的宝石,为使高光更逼真,需要给光斑物体较大的透明度(图5-3-6)。

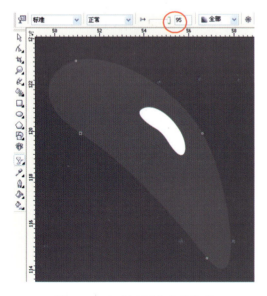

图5-3-5 创建两个光斑造型

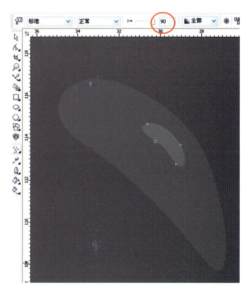

图5-3-6 设置透明度

Step5：单击"交互式"工具栏，在下拉菜单中选择"交互式调和"工具，将光标从上层物体移至下层物体，生成一个交互式调和物体，形成发光效果（图5-3-7），即形成青金岩宝石一侧的光斑。用同样的方法绘制另一侧的光斑。

Step6：将光斑放在青金岩之上，调整位置与大小，弧面宝石的立体效果便展现出来（图5-3-8）。

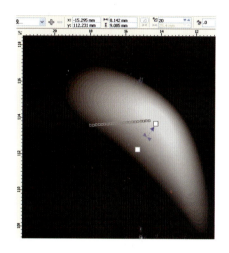
图5-3-7　添加交互式调和效果

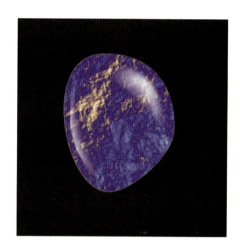
图5-3-8　青金岩宝石效果

第四节　半透明单晶弧面宝石的画法

以下介绍教学范例6——猫眼石的绘制方法。

1. 绘制流程（图5-4-1）

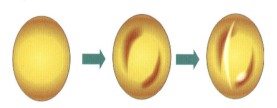

图5-4-1　猫眼石绘制流程

注：猫眼石是具有"猫眼效应"的金绿宝石，呈粟黄色，因内含平行排列的针状包裹体而在其表面产生了一条狭长的亮带，整体看上去酷似猫的眼睛，因此而得名。

2. 绘制步骤

Step1：使用"椭圆"工具勾画猫眼石的轮廓，将长宽比设置为3∶2左右，轮廓为深褐色（图5-4-2）。

Step2：点选"交互式填充"工具，为椭圆添加射线填充（图5-4-3）。在填充路径上连续双击添加两个色块,路径上沿中心向外围的颜色分别为(R255,G241,B110)、(R214,G193,B3)、(R148,G107,B5)、(R250,G225,B3),呈现"内亮外暗"的效果(图5-4-4)。

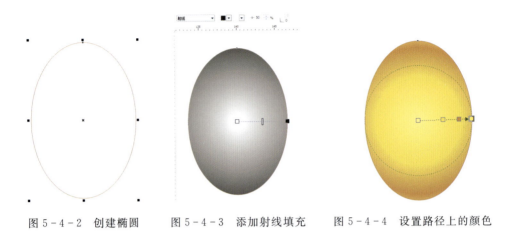

图5-4-2　创建椭圆　　　图5-4-3　添加射线填充　　　图5-4-4　设置路径上的颜色

Step3:使用"贝塞尔"工具创建如图5-4-5所示的两个图形,上下层物体的颜色分别为(R94,G7,B7)与(R89,G16,B16);将透明度设置为86、97。

Step4:为上述两个图形添加交互式调和效果,复制旋转,并略微缩小,形成猫眼宝石上的两道阴影(图5-4-6)。

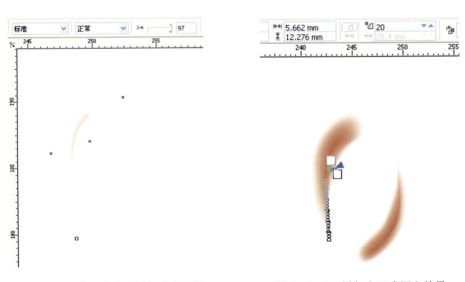

图5-4-5　为阴影造型添加透明效果　　　图5-4-6　添加交互式调和效果

Step5:使用"贝塞尔"工具创建两个月牙造型的物体(图5-4-7),将颜色设置为淡黄色(无轮廓),并为它们添加透明效果,将上下两层透明度分别设置为82、89。为上述两个图形添加交互式调和效果,形成月牙形亮带,模拟猫眼石的光学效应。用同样的办法创建一个白色光斑(图5-4-8)。

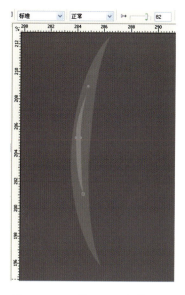 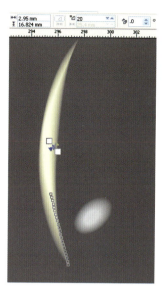

图 5-4-7　猫眼石的亮带造型　　　　图 5-4-8　添加交互式调和效果

Step6：将阴影、月牙星光斑、圆形光斑放置在椭圆物体上，调整其位置与大小，猫眼石的光学效果便展现出来（图 5-4-9）。用类似方法与步骤还可绘制具有星光效应的宝石（图 5-4-10）。

图 5-4-9　猫眼石效果　　　　　图 5-4-10　星光红宝石效果

第五节　本章要点与技巧总结

通过上述几种宝石画法的学习，不难发现绘制弧面宝石的诀窍在于：熟悉所绘宝石的颜色及纹样特征，选择合适底纹并对底纹颜色作必要的修改。

选择那些与宝石颜色分布特征相似的底纹（表 5-5-1），如对翡翠等玉石类宝石，应该选择带絮状图案的底纹；对有条带的宝石，应选择呈带状分布的底纹。选择好合适的底纹之后，参照宝石的色彩对底纹颜色进行修改便能模拟出较为生动的效果。此外，还可多次点击对话框中的"预览"，这样计算机能随机生成该底纹的不同样式，供使用者挑选。

下面根据笔者的绘图经验,将底纹库中适于表现宝石外观的底纹,作一个总结,供读者参考。利用这些底纹,读者可以自由发挥,描绘出各种各样的弧面宝石,并将其作为首饰设计的素材(图 5-5-1)。

表 5-5-1 适合绘制宝石的底纹种类

序号	底纹名称	特征描述	适合的宝石种类
1	样品"午间雾"(clouds midday)	絮状纹样,适于表现多晶质玉石类宝石的内部结构	翡翠
2	样品"晨云"(clouds morning)		翡翠
3	样本 6"棉花糖"(cotton candy)		芙蓉石
4	样本 6"废气"(exhausted fume)		淡绿色翡翠
			翠绿色翡翠
5	样本 6"风暴天空"(stormy sky)		鸡血石
6	样本 8"乌云"(dark cloud)	其默认状态呈现蓝绿黑的云雾状	碧玉
7	样本 8"彩色风暴雨"(colour storm)	为五彩斑斓的色块	黑欧泊
8	样本 9"闪电"(lightning)	纹样都呈条带状,可用于刻画带条纹的宝石;条纹的粗细、分布特征不同,可以用于表现不同宝石的条带	绿松石
9	样本 9"猫头鹰的眼睛"(owl's eye)		各色玛瑙
			孔雀石
10	样式"漩涡"(swirls)		各色玛瑙
11	样式"5 色表面"(surfaces 5C)		青金岩

图 5-5-1 各种弧面宝石的效果图

本章介绍的两种制作光斑和阴影效果的方法如下。

(1)绘制一大一小两层造型,填充白色或深色,并添加不同的透明度,然后在两层造型间建立交互式调和,从而形成反光效果。

（2）绘制光斑或阴影造型，填充白色或深色，并添加线性透明度。

比较上述两种方法，第一种制作的光斑较柔和，适用于反光不强烈的材质，但这种方法技巧性强，需要多练习；第二种方法，操作简洁，效率高，适用于反光强的材质，特别是呈镜面效果的金属，关于这一内容，将在第三篇中详述。绘图时，读者可根据实际效果和时间要求，选择其中一种或将两种相结合运用。

第六章　CorelDRAW 宝石链珠的绘制

本章教学内容为水晶链珠与珍珠的画法。

将使用的主要工具为"渐变颜色填充"与"交互式调和"工具。

第一节　珍珠的绘制方法（以黑珍珠为例）

1. 绘制流程（图 6-1-1）

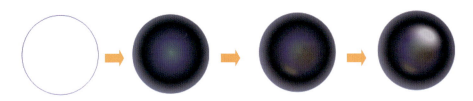

图 6-1-1　珍珠绘制流程图

注：珍珠的颜色可被分为体色和晕色。晕色是物理光学效应引起的，它与珠层的透明度、珠层的厚薄等因素有关。体色是珍珠质本身的颜色。根据珍珠体色的不同，人们把珍珠分成三个组：浅色组、黑色组和有色组。天然黑珍珠的颜色非纯黑色，而是带有轻微彩虹样的闪光的深蓝黑色或带有青铜色调的黑色。

2. 绘制步骤

在 Step1 和 Step 2 中将描绘黑珍珠的基调色彩。

Step1：使用"椭圆"工具绘制一个圆形，并为其添加射线填充（图 6-1-2）。将填充路径中心处颜色设置为（R74,G107,B100），将路径另一端颜色设置为（R99,G103,B124），设置后效果如图 6-1-3 所示。

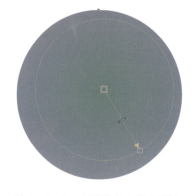

图 6-1-2　设置射线填充类型　　　　图 6-1-3　在颜色条上添加颜色

Step2：在填充路径上连续双击，添加三个颜色控制点（图6-1-4）。修改它们的颜色，沿中心至外围依次设置为(R42,G30,B78)、(R25,G28,B33)和(R91,G93,B129)，设置完毕后最后效果如图6-1-5所示。

图6-1-4 添加颜色控制点

图6-1-5 射线填充后效果

Step3：绘制黑珍珠的晕彩。如图6-1-6所示，创建两个交互式调和物体，带黄色调，具体方法见第五章教学范例1、2。

Step4：绘制黑珍珠的高光。如图6-1-7所示，创建一个交互式调和物体，考虑到前面绘制的黑珍珠基调为深蓝色，这里绘制的高光斑色彩应略微偏蓝，这样效果更生动。

Step5：将晕彩和高光斑放在渐变填充的圆形物体上，调整其大小与位置，如图6-1-8所示，一颗带有蓝紫色调的黑珍珠成形了。

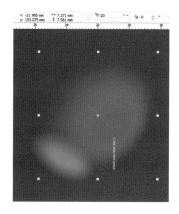
图6-1-6 绘制珍珠的晕彩

图6-1-7 绘制高光斑

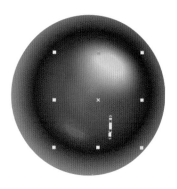
图6-1-8 珍珠效果

第二节 水晶圆珠的绘制方法（以紫晶为例）

将紫晶圆珠绘制成半透明状，其表面有反光，同时内部有折射的光线。

一、绘制流程（图6-2-1）

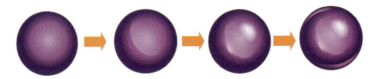

图6-2-1 紫晶圆珠的绘制流程

二、绘制步骤

Step1：绘制紫晶基色。创建一个圆形，并添加射线填充效果，调整填充中心的位置与半径的长短（图6-2-2）。在填充路径上连续双击，添加两个颜色控制点。设置四个控制点的颜色参数，沿中心至外围分别为（R210,G179,B235）、（R137,G99,B168）、（R44,G30,B81）、（R54,G30,B88）（图6-2-3）。

图6-2-2 添加射线填充　　　　图6-2-3 添加颜色控制点

Step2：绘制紫晶链珠的弱反光区域。绘制如图6-2-4所示的椭圆形，填充颜色为（R185,G158,B197）（无轮廓）。选择"交互式"工具组中的"交互式透明"工具，在"透明度类型"下拉菜单中选择"线性"，为图形对象添加线性透明效果（图6-2-5）。调整渐变路径一端的透

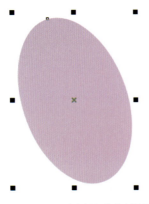

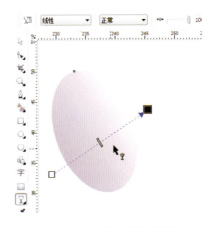

图6-2-4 创建淡紫色椭圆　　　　图6-2-5 添加线性透明度

明度值，点选左下端的控制点，在属性栏中输入 29，如图 6-2-6 所示。将该造型与圆形叠放，其效果如图 6-2-7 所示。

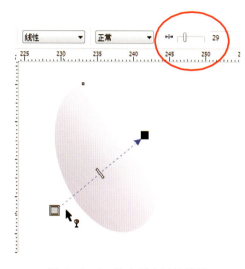

图 6-2-6　放入反光区的效果　　　　图 6-2-7　将反光造型与圆形叠放

　　Step3：绘制链珠的高光斑。使用"交互式调和"工具绘制如图 6-2-8 所示造型，考虑到紫晶的本色，其高光应略带紫色调。将光斑放在链珠适当的位置，如图 6-2-9 所示。

图 6-2-8　高光斑　　　　图 6-2-9　光斑与链珠叠放

　　Step4：在紫晶圆珠两端渲染反光。因为是球形物体，外侧会有微弱的反光区域。同样，使用"交互式调和"工具绘制紫红色月牙形的反光带（图 6-2-10）。将反光带放置于圆珠外侧，完成本例的绘制（图 6-2-11）。

　　用同样的方法还可绘制发晶、石榴石（图 6-2-12）。

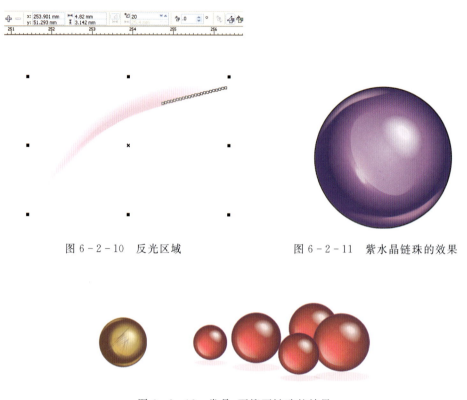

图 6-2-10　反光区域　　　　　　图 6-2-11　紫水晶链珠的效果

图 6-2-12　发晶、石榴石链珠的效果

第三节　本章要点与技巧总结

链珠造型呈球状，半透明，其色彩与光影变化非常丰富，要绘制出理想的效果，读者要多观察宝石链珠的实物或照片，了解其光影效果及规律，并能熟练使用"渐变填充"工具、"交互式透明"工具以及"交互式填充"工具，表现宝石色彩微妙变化。

第七章 以宝石图片创建宝石

第四、五章介绍的宝石绘制方法,都利用了CorelDRAW的各种绘图工具。在实际设计工作中,我们还可以直接利用宝石的图片或照片(即位图图片)来表现宝石。下面分别举例说明如何用一张jpg格式图片在CorelDRAW文件中创建刻面和弧面宝石。

本章教学内容为利用宝石图片,使用"图框精确剪裁"工具在CorelDRAW文件中创建宝石对象。

将使用的主要工具为"图框精确剪裁"工具。

第一节 红宝石图片的应用

其方法与步骤如下。

Step1:复制一张红宝石图片,将其拷贝至CorelDRAW工作区域内,如图7-1-1所示。选择其中一颗宝石,依照其轮廓创建一个椭圆,如图7-1-2所示。

图7-1-1 工作区域中的红宝石图片

图7-1-2 椭圆形宝石轮廓

Step2:点选宝石图片,选择"效果"下拉菜单中的"图框精确剪裁",再点选下级菜单的"放置在容器中",如图7-1-3所示。此时光标变成粗箭头,将其移动至椭圆形轮廓,如图7-1-4所示。这样图片被放置于椭圆中。椭圆是"图框",宝石图片是其中的内容,在默认状态下,将图片和椭圆中心对齐,并将该图片位于椭圆之外的部分裁剪,如图7-1-5所示。

Step3:右键点选椭圆,在对话框中选择"编辑内容"(图7-1-6),进入编辑图片状态。在该状态下,图片能完全被显示。

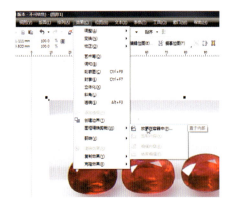
图 7-1-3 启用"图框精确剪裁"工具

图 7-1-4 箭头指向椭圆形

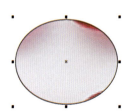
图 7-1-5 使用"图框精确剪裁"工具后的效果

图 7-1-6 进入编辑图片状态

Step4:调整图片位置,将创建的椭圆(图框)与图片中相应的红宝石对齐(图 7-1-7)。编辑结束后,右键弹出菜单,点选"结束编辑"(图 7-1-8)。

图 7-1-7 椭圆与宝石对齐

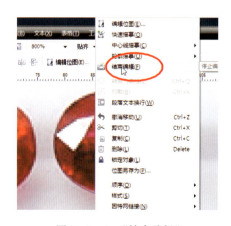
图 7-1-8 "结束编辑"

Step5:图片中的宝石在椭圆形图框中被显现出来(图7-1-9)。只要能找到清晰的图片,便可用"图框精确剪裁"在CorelDRAW文件中创建出各种刻面宝石(图7-1-10)(值得注意的是,当所用宝石图片容量偏大时,建议避免绘制"密钉镶"结构,因为这会使你的Corel-DRAW文件过大而影响运行速度)。

图7-1-9　图框中的宝石图片　　　　图7-1-10　"图框精确剪裁"法创建的刻面宝石

第二节　孔雀石原石图片的应用

以下将介绍如何利用原石图片中的纹样表现相应的弧面宝石,其方法与步骤如下。

Step1:复制一张孔雀石原石图片,将其拷贝至CorelDRAW工作区域内,如图7-2-1所示,展现了孔雀石典型的绿色条带。在条带纹样完整的位置创建大小适宜的弧面宝石轮廓(图7-2-2)。

图7-2-1　工作区域中的孔雀石图片　　　　图7-2-2　创建宝石轮廓

Step2:点选孔雀石图片,选择"效果"下拉菜单中的"图框精确剪裁",再点选下级菜单的"放置在容器中"。此时光标变成粗箭头,将其移动至水滴形轮廓(图7-2-3)。这样图片被放置于水滴形状(图框)中。在默认状态下,将图片和图框中心对齐,并将该图片位于图框之外的部分裁剪(图7-2-4)。

 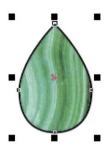

图 7-2-3 箭头指向水滴形轮廓　　　图 7-2-4 置于轮廓中的图片

Step3：右键点选该水滴形，在对话框中选择"编辑内容"，进入编辑图片状态（图 7-2-5）。在编辑状态下，图片能完全被显示。编辑图片位置，使水滴形轮廓位于合适区域。编辑结束后，按右键点选"结束编辑"，结果如图 7-2-6 所示。至此，就创建了一颗水滴形孔雀石，但还须利用光影效果显示弧面宝石的立体效果。

图 7-2-5 编辑图片位置　　　图 7-2-6 编辑结束效果

Step4：复制宝石轮廓，将其填充深绿色（图 7-2-7），添加如图 7-2-8 所示的射线透明效果，并将其置于宝石上层（图 7-2-9）。

 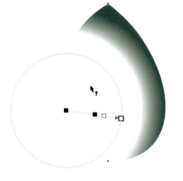 

图 7-2-7 填充深绿色　　图 7-2-8 添加射线透明　　图 7-2-9 编辑结束效果

Step5：在宝石顶部创建曲面三角形，用这个曲面三角形表示高光的物体（图7－2－10）。为其添加线性透明效果（图7－2－11）。

 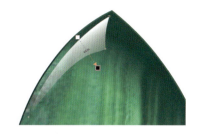

图7－2－10　创建光斑造型　　　　　　图7－2－11　为光斑添加线性透明度

Step6：在宝石右下侧创建月牙形光斑，并添加线性透明效果（其渐变方向与顶部光斑相反），孔雀石最终效果如图7－2－12所示。

图7－2－13展示了利用"图框精确剪裁"工具结合宝石照片在CorelDRAW中创建的各色珍珠。

图7－2－12　孔雀石最终效果　　　　　图7－2－13　利用"图框精确剪裁"工具创建的珍珠

第三篇 金属画法

第八章 金属首饰材料的种类、表面处理工艺及其外观特征

第一节 金属首饰材料的种类

用于首饰的金属材料包括贵金属和非贵金属两大类。常见贵金属主要是金、铂、银、钯等及其K金、K铂、粗银、钛金等；非贵金属主要是铜、铁、铝、锡、锌及其合金。

利用不同的金属可呈现出不同的色泽（首饰成品中金属的外观还与其镀层有关），而当金属材料转化为首饰后，这些颜色与光泽将成为一种重要的设计语言，因此首饰设计人员必须对其有充分的了解。下面介绍几种常见金属材料的外观特征。

金呈金黄色，稳定不褪色（图8-1-1）。在首饰工业中，为增加其色彩、硬度和耐磨性，常常加入其他的补口元素制成各种K金材料，大大丰富了黄金首饰的种类。如18K金的含金量都是75%，加入25%的铜成为浅红色；加入12.5%的银和12.5%的紫铜则成为玫瑰色，俗称"玫瑰金"或"粉金"（图8-1-2）；加入16.7%的银和8.3%的铜则成为浅黄色；加入5%的银和20%的钯，则成为乳白色。

图8-1-1 纯金手链

图8-1-2 粉金和白色K金戒指

银为银白色，是所有金属中反射率最高的。首饰中的银主要有两种：足银（即含银千分数不小于990的银）和925银（即含银千分数不小于925的银）。925银的颜色比纯银稍稍偏暖

(图 8-1-3、图 8-1-4)。

贵金属元素铂是目前首饰制作业中被运用得最多的一种铂族贵金属元素。与纯银不同,为灰白色,加入补口元素形成铂合金材料,其色泽比纯铂金略亮,缓解了纯铂金灰白冷色给人的灰暗感受,获得了消费者的喜爱(图 8-1-5)。

图 8-1-3　足银手链　　　图 8-1-4　925 银手镯　　　图 8-1-5　Pt950 婚戒

不锈钢、钛钢、钨钢是首饰的新材料,它们价廉、质轻、化学性质稳定,多用于制作造型夸张的流行饰品。相比于银和铂金,其色彩偏暗(图 8-1-6)。

图 8-1-6　钛钢戒

第二节　常见首饰表面处理工艺及其金属肌理效果

金属经过表面处理,会呈现出多样的肌理效果,营造出不同的视觉氛围,为首饰提供了丰富的设计语汇。常见的首饰表面处理工艺如下。

电镀——其镀层颜色丰富,既有各种颜色的单色电镀,如黑色、浅蓝、酱色、紫色、橙红、粉红、金黄、橙黄等,也有多种颜色的套色电镀。

镜面处理——先进行高度表面抛光处理后再作电镀加工而成,呈现出镜面的效果(图8-2-1)。

喷砂——是指在高压气体的作用下用石英砂在饰品表面形成亚光效果的一种工艺(图8-2-2)。

拉丝——在金属制饰品表面镀铬、镍后,用刷子在其表面如流水般左右来回刷磨而成。经过拉丝处理后,金属虽然没有了原先的光泽,但是表面不易划伤(即使有少许划伤也不易被发现),如图8-2-3所示。

蚀刻——蚀刻工艺的原理类似于电路板的制作,阳纹的加工是首先将欲留存的金属部分用耐酸蚀的涂料涂盖,利用酸性溶液对不需要的金属部分进行腐蚀;阴纹的加工与阳纹的加工正好相反。蚀刻工艺适用于仿古工艺品和对表面风格有特殊要求的首饰的加工与制作。

泰银(古银)加工——泰银(古银)是指用硫磺泡过后,使镀银面变黑,然后进行表面打磨,这样凸起部分重现光泽,而凹陷部分则保留了银被硫磺泡过后的黑色。这样做更能突出饰品表面图案的立体感(图8-2-4)。

图8-2-1 镜面效果戒指

图8-2-2 表面喷砂处理的戒指

图8-2-3 带有拉丝纹装饰的对戒

图8-2-4 泰银艺术吊坠

第九章　金属造型及其质感表现基础

在 CorelDRAW 中表现金属的要领有二：其一是准确地描绘金属造型的外轮廓；其二在于表现金属的质感。金属是一种高反光材料，其亮面与阴影面要用较强的对比来表现。为此，我们要多观察首饰照片，从中领会金属反光的规律与要点。在这一章中，我们尝试通过简单金属造型的绘制，让大家领会以下表现金属的基本技巧。

第一节　交互式填充表现金属质感

一、线性填充模式表现管状造型

以下介绍教学范例1——两个垂直的金属管。

Step1：绘制一个矩形与一个狭长的椭圆，将两个图形水平中心对齐，如图9-1-1所示（注意两图形下端相交，上端无重合）。

Step2：打开"造型"泊坞窗，使用"相交"命令（图9-1-2），取矩形与椭圆形的交集。相交后的效果如图9-1-3所示。

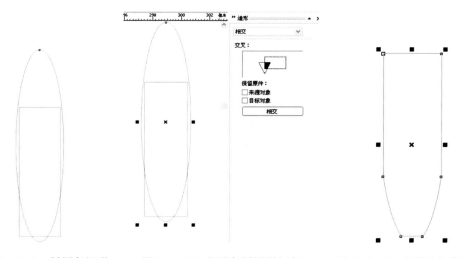

图9-1-1　椭圆与矩形　　图9-1-2　矩形与椭圆形相交　　图9-1-3　相交后的效果

Step3：使用"形状"工具，编辑节点，将光标放置在下端直线段上，在属性栏上点击"转换直线为曲线"图标，如图9-1-4所示。此时，该线段变为曲线，将光标放在该线段上，按住鼠标左键向下移动（图9-1-5）。编辑其他节点，形成如图9-1-6所示的造型。

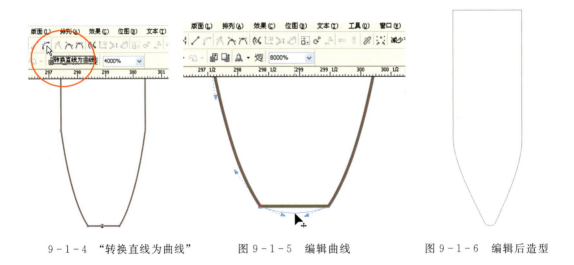

图 9-1-4 "转换直线为曲线"　　图 9-1-5 编辑曲线　　图 9-1-6 编辑后造型

Step4:用类似方法绘制另一管状轮廓,其效果如图 9-1-7 所示。

Step5:选择垂直的管状造型,使用"交互式填充"工具为其添加线性填充,将两端颜色分别设置为 10%的黑色与白色,如图 9-1-8 所示。

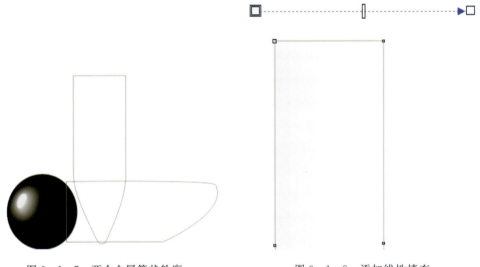

图 9-1-7 两个金属管状轮廓　　图 9-1-8 添加线性填充

Step6:表现明暗交界线。选择颜色条上 40%黑的色块,按住鼠标左键,将该色块拖至颜色填充路径上(图 9-1-9)。这样就为渐变效果多加了一种颜色。用同样的方法在路径左边添加两个白色色块(图 9-1-10)。

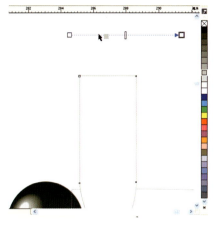

图9-1-9　为填充路径添加颜色　　　图9-1-10　再添加两个白色色块

Step7：表现金属的弱反光。在填充路径上无颜色块的区域双击,添加一个颜色(图9-1-11)。选择添加的色块,在颜色泊坞窗中设置颜色参数(R40,G240,B240),然后按"填充",该色块便被赋予了新的颜色(图9-1-12)。这样,该图形便呈现出垂直管状的立体感(图9-1-13)。

图9-1-11　继续添加颜色　　　图9-1-12　线性填充完成

Step8：选择水平管状造型,点击菜单栏中"编辑",选择下拉菜单中的"复制属性自"(图9-1-14)。在弹出复制属性对话框(图9-1-15)中勾选"填充",此时光标变成黑色箭头,将箭头指向垂直的金属管,这样就为它添加了与垂直管状物体相同的填充,其效果如图9-1-16所示。

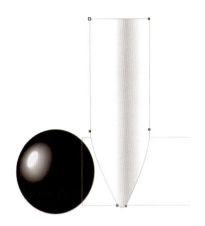

图 9-1-13 线性填充最后效果

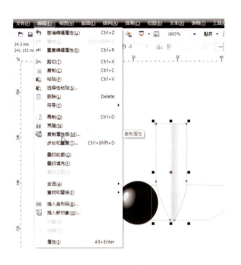

图 9-1-14 选择"复制属性自"

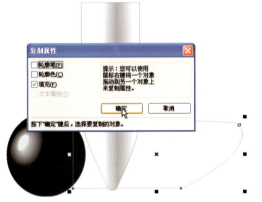

图 9-1-15 复制填充属性

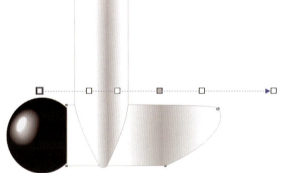

图 9-1-16 复制填充属性后效果

Step9：将填充路径由水平方向调整为垂直方向（图 9-1-17）。两个相互垂直的金属管便被绘制成型了（图 9-1-18）。

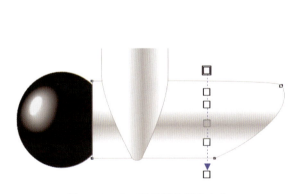

图 9-1-17 调整填充路径方向

图 9-1-18 最后效果

二、射线填充模式表现球面造型

以下介绍教学范例2——绘制一颗小金属球。

"射线填充"顾名思义,指将颜色按射线方向分布。表现球体的最简单的方式就是为圆形添加射线填充,通过控制填充路径上的颜色,表现金属球的明暗交界线。其绘制步骤如下。

Step1:创建一个圆形,如图9-1-19所示。点选"交互式填充"工具,在属性栏填充类型下拉菜单中选择"射线",如图9-1-20所示。

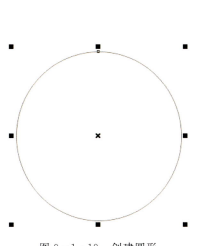
图9-1-19 创建圆形

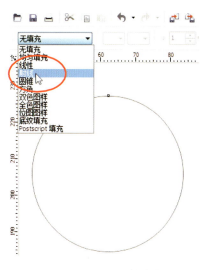
图9-1-20 选择射线填充

Step2:填充默认状态为"黑"到"白"的过渡,白色块位于圆心,黑色块位于半径的末端(图9-1-21)。在填充路径(半径方向)上依次双击鼠标,添加三个色块,从中心至外围依次填充白、60%黑、10%黑,并将半径末端的黑色修改为10%黑(图9-1-22),在60%黑的位置表现球体的明暗交界线,金属球绘制结束。

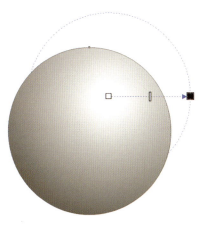
图9-1-21 射线填充的默认状态

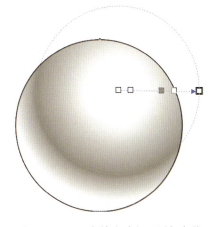
图9-1-22 在填充路径上添加色块

通过改变填充路径上的颜色(如进行如图 9-1-23 所示的 K 金色调的射线填充),我们可以表现不同材质的金属球(图 9-1-24)。

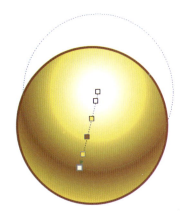

图 9-1-23　K 金色调的射线填充

图 9-1-24　不同材质的金属小球

通过以上两例的介绍,我们不难发现一些简单的几何金属造型可通过合适的线性填充来表现它的立体感,除了管状、球面造型外,还可选用"圆锥"填充模式表现锥状体(图 9-1-25);用"方角"填充模式表现弧面方形(图 9-1-26)。

图 9-1-25　"圆锥"填充

图 9-1-26　"方角"填充

第二节　绘制光斑与阴影表现金属质感

当首饰造型不再是简单的几何体时,一种线性填充模式往往无法表现其质感。遇到这种情况时,我们需要绘制与外形轮廓相匹配的光斑与阴影,以此表现立体效果与金属质感。

以下介绍教学范例 3——弯管的绘制。

一个弯曲管状造型的立体感无法用一个线性填充来表现,需要添加光斑与阴影效果,其绘制流程如图 9-2-1 所示。

弯管的绘制步骤如下。

Step1:创建一个狭长的矩形(参考尺寸为 40mm×3mm),修改直角为圆角,我们将以此为基础，通过编辑，创建弯管造型的轮廓（图 9-2-2）。

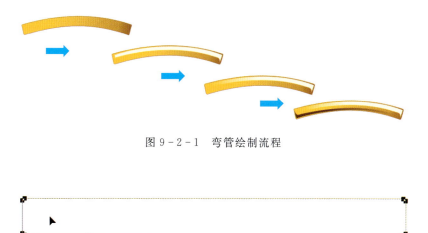

图 9-2-1 弯管绘制流程

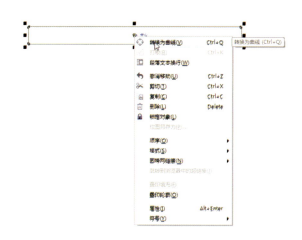

图 9-2-2 创建圆角矩形

　　Step2：右键点选圆角矩形，在弹出的菜单中选择"转换为曲线"（或按快捷键 Ctrl+Q），如图 9-2-3 所示。这样，圆角矩形被转换为曲线，为下面的形状编辑提供条件。点选"形状"工具，框选所有节点，再点选属性栏中的"转化直线为曲线"图标，将该图形中所有线段的属性设置为曲线（图 9-2-4）。

图 9-2-3 将矩形转换为曲线

图 9-2-4 转直线为曲线

Step3:点选位于上方的水平线段中部,按住鼠标左键不放,同时沿垂直方向上移,如图9-2-5所示,因为之前已修改该线段为曲线,因此上移的操作将使该线段变为弧线。用同样方法,编辑下方的水平线段,之后,平直的长方形发生了弯曲,如图9-2-6所示。

图9-2-5 调整上方平直曲线成弯曲状

图9-2-6 弯曲的长方形

Step4:编辑图形两端的节点,将位于下方的点往内移(图9-2-7)。继续编辑端处的节点,使两端线段与上下弯曲线条垂直(图9-2-8)。编辑结束就得到弯管的轮廓(图9-2-9)。

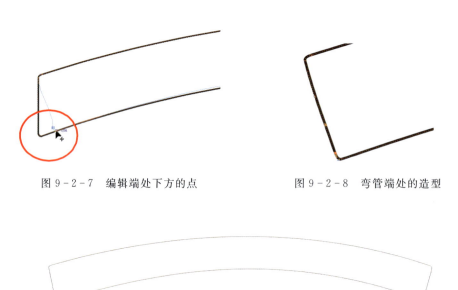

图9-2-7 编辑端处下方的点　　　　图9-2-8 弯管端处的造型

图9-2-9 弯管轮廓

Step5:添加底色。为修改后的造型添加线性填充,利用由中黄色到浅棕色的渐变,表现K金的底色。参考颜色为(R243,G901,B13)和(R141,G101,B45),如图9-2-10所示。

在Step6至Step8中,我们将制作弯管的高光斑。

图 9-2-10 添加底色

Step6：光斑与主体的形状是相似的，我们可以用修剪命令得到。其具体做法如下：复制两个弯管轮廓，将其设置为"无填充"，在如图 9-2-11 所示的位置放置。打开"造型"泊坞窗，利用"修剪"命令进行如图 9-2-12 所示的修剪，修剪后效果如图 9-2-13 所示。

图 9-2-11 复制两个弯管

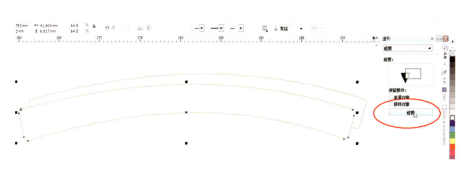

图 9-2-12 启用"修剪"命令

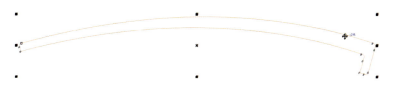

图 9-2-13 修剪后效果

Step7：如图 9-2-14 所示，编辑图形右端的形状。沿水平方向稍稍缩短该图形，如图 9-2-15 所示。继续编辑该图形，使其成为弯管的光斑形状，并填充白色或乳白色[（R248，G240，B214），无轮廓]，如图 9-2-16 所示。

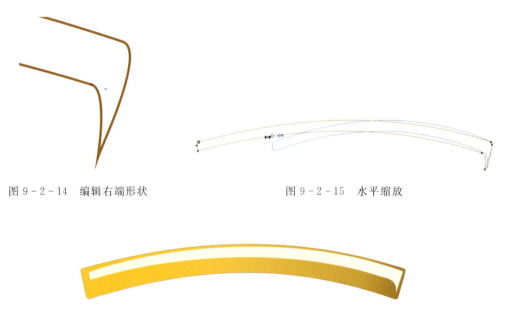

图 9-2-14 编辑右端形状　　　　　　图 9-2-15 水平缩放

图 9-2-16 编辑好的光斑造型

Step8：为光斑造型添加线性透明效果，使光斑最亮处位于弯管底色的暗色区域，并逐渐以此表现金属的高反光（图 9-2-17）。

图 9-2-17 为光斑添加线性透明效果

Step9：用同样的方法，在弯管下方绘制阴影（注意要将其设置成无轮廓），弯管的立体效果如图 9-2-18 所示。考虑到金属底色为 K 金色，所以建议将阴影设置为深棕色，参考数值为（R88，G55，B43）。如果更换底色以及阴影、光斑的颜色就可以绘制出其他金属材料的弯管（图 9-2-19）。即使是利用弯管这一简单的造型素材，也可以设计出华丽的首饰（图 9-2-20）。

图 9-2-18 添加阴影

图 9-2-19　银白色与金黄色的金属管　　　图 9-2-20　以弯管为素材的首饰设计

第三节　本章要点与技巧总结

（1）对于简单的几何金属造型,先通过"椭圆"工具、"矩形"工具(必要时结合"造形"工具与"形状"工具)绘制外形轮廓,再选择合适的线性填充来表现立体感。

（2）当金属造型不再是简单的方或圆,单用颜色填充表现其质感与空间感往往失效,这时我们可以按以下思路来绘图:首先绘制金属的外形轮廓,添加底色,再选择合适位置绘制它的高光斑和阴影造型,并为光斑与阴影添加线性透明度。下图中的几个例子,都利用了这种方法表现金属质感(图 9-3-1)。值得注意的是,不同造型相应的光斑形状各异,绘制这些形状可以用"造型"工具配合"形状"工具得到,也可以直接用"贝塞尔"或"钢笔"工具勾画出。关于"贝赛尔"和"钢笔"工具的应用技巧将在第十一章中详述。

图 9-3-1　添加了高光、阴影的金属首饰造型

第十章　首饰的常见造型结构与绘制方法

本章教学内容为首饰镶嵌结构、金属链及链扣、金属丝、瓜子扣、镂空造型的绘制方法。将使用的主要工具为"形状"工具、"贝塞尔"工具、"造形"工具、"交互式填充"工具。

第一节　镶嵌结构及其绘制步骤

宝石镶嵌种类主要有爪镶、包镶、轨道镶、钉镶、珠镶、逼镶等方式。

一、爪镶的绘制

爪镶是首饰镶嵌制作中最为常用的一种方法，它借助金属爪将宝石腰棱牢牢卡住（图10-1-1）。爪镶能最大程度地突出宝石，适用于圆形、椭圆形、方形、水滴形、心形及其他异形蛋面或刻面宝石（图10-1-2）。

根据镶爪的数量，可分为二爪、三爪、四爪和六爪；根据镶爪的形状，可分为三角爪、圆头爪、方爪、包角爪、对爪、尖角爪、随形爪等。

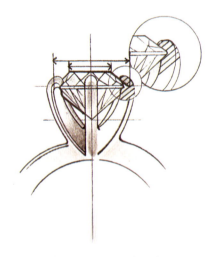 

图10-1-1　爪镶示意图　　　　图10-1-2　四爪镶公主方钻石婚戒

1. 圆头爪的表现方法

Step1：使用"椭圆"工具绘制一个圆形，按照球面的光影效果为其添加射线渐变填充，将轮廓设置为深棕色（图10-1-3）。

Step2：复制三个爪，将其对称放置在刻面宝石腰棱周围，调整位置（注意：四个镶爪与宝石的光源方向要一致），如图10-1-4所示。

图 10-1-3　射线渐变填充　　　　　图 10-1-4　圆头爪镶顶视效果

2. 方形爪的表现方法

绘制圆角正方形并结合方角填充(图 10-1-5),可以表现方形爪。
多粒宝石镶嵌时可共用镶爪,如图 10-1-6 所示。

圆角正方形方角填充效果　　方形爪镶顶视效果

图 10-1-5　方形爪　　　　　　　　图 10-1-6　多粒宝石共用镶爪

3. 尖头爪的表现方法

Step1:使用"椭圆形"工具绘制一个椭圆,右键选择这个椭圆,在弹出的菜单中选择"转换为曲线"(或按快捷键 Ctrl+Q),如图 10-1-7 所示。

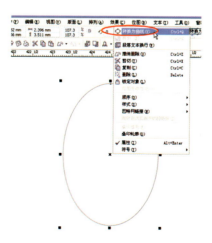

图 10-1-7　将椭圆转换为曲线

Step2:点击"形状"工具,通过编辑曲线的节点调整其形状。同时选择中间的两个节点,按住 Shift 键垂直向上启动(图 10-1-8)。再选择下方的节点,按住 Shift 键,将手柄左右对称地向内移动(图 10-1-9)。此时,节点编辑完毕,轮廓形成(图 10-1-10)。

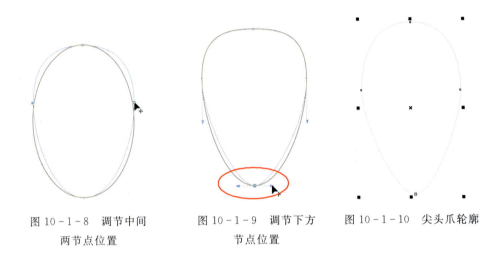

图 10-1-8　调节中间两节点位置　　图 10-1-9　调节下方节点位置　　图 10-1-10　尖头爪轮廓

Step3:为该图形添加线性渐变填充(图 10-1-11)。

Step4:使用"线性透明"工具绘制尖爪的高光区与背光区(图 10-1-12)。

Step5:复制五个镶爪,将它们对称放置在刻面宝石腰棱周围,调整位置(注意:六个镶爪与宝石的光源方向要一致),如图 10-1-13 所示。

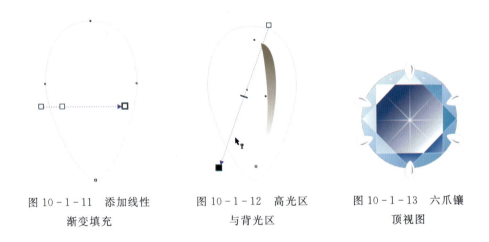

图 10-1-11　添加线性渐变填充　　图 10-1-12　高光区与背光区　　图 10-1-13　六爪镶顶视图

4. 包角爪的表现方法

Step1:使用"矩形"工具绘制两个等大的正方形,使一个正方形的中心对齐另一个的左下角。点击菜单栏中的"排列",在下拉菜单中选择"造型",在泊坞窗口出现"造型"工具对话框(图 10-1-14)。在对话框第一栏中选择"修剪",将"来源对象""目标对象"都空选,先点击左下方正方形,执行"修剪"命令,再点击右上方正方形,修剪成功后,将轮廓设置为浅棕色(图 10-1-15)。

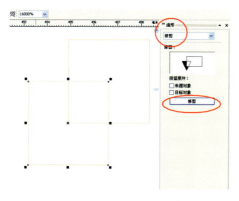

图 10-1-14 "造型"工具对话框　　图 10-1-15 修剪后的造型

Step2：使用"交互式填充"工具，为修建好的造型添加线性渐变填充，表现包角爪的立体效果（图 10-1-16）。

Step3：复制一个镶爪，再镜像复制两个，得到四个镶爪。调整其位置与角度，将四个包角爪分别放置在方形阶梯型宝石的四个角上（注意：确保镶爪和宝石的光源方向一致，图 10-1-17）。

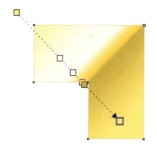

图 10-1-16　添加线性渐变填充　　图 10-1-17　方形阶梯型宝石的镶嵌图

5. 不同琢型宝石的爪镶方式

图 10-1-18 展示了不同琢型宝石的爪镶方式。同时，镶爪的造型也可有多种变化，如心

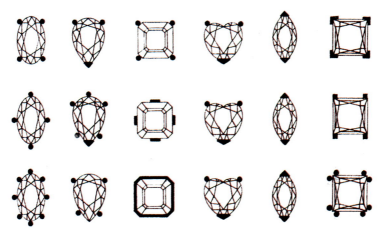

图 10-1-18　不同琢型宝石的镶嵌效果

形爪、花瓣形爪,设计镶嵌首饰图时,可根据需要,在效果图中制作不同的镶爪。

二、包镶的绘制

包镶是用金属边把宝石四周围住的一种镶嵌方法(图 10-1-19),它是最牢固的镶嵌方式,适用于大颗粒宝石(图 10-1-20)。

图 10-1-19　包镶示意图　　　　　　图 10-1-20　包镶戒指

包镶的绘制方法较简单,其基本步骤如下。

Step1:根据宝石的大小与形状,绘制一个比宝石稍大、与其外轮廓相似的造型(图 10-1-21)。

Step2:在属性栏中修改造型轮廓,其宽度为包镶边缘,因此建议将该宽度修改为 1.4mm(图 10-1-22)。

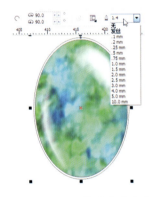

图 10-1-21　绘制一个比宝石稍大的椭圆　　图 10-1-22　修改轮廓宽度

Step3:选中该轮廓,单击菜单栏中的"排列",选择下拉菜单中的"转换为曲线",如图 10-1-23 所示。此时粗轮廓转变为可进行填充的物体了。

Step4:对新生成的物体添加线性渐变填充,将其轮廓色设为 50% 的黑,效果如图 10-1-24 所示。贴近宝石腰棱的包镶边缘绘制完毕。

Step5:紧贴宝石轮廓绘制一个椭圆,强化镶嵌的立体感(图 10-1-25)。包镶效果如图 10-1-26 所示。

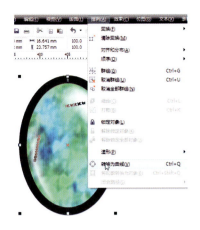

图 10-1-23 "转换为曲线"

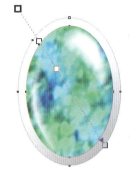

图 10-1-24 添加线性填充

图 10-1-25 紧贴宝石轮廓的椭圆

图 10-1-26 包镶效果

三、轨道镶的绘制

轨道镶又称夹镶或壁镶,是指多粒宝石成排状、粒粒紧密相连地排列于由金属壁形成的如同轨道的镶口中,如图 10-1-27 所示。轨道镶分为一边打压的单轨镶嵌和两边打压的双轨镶嵌(图 10-1-28)。

图 10-1-27 轨道镶示意图

图 10-1-28 轨道镶戒指

轨道镶的绘制方法与包镶相似,其步骤如下。

Step1:将宝石并列放置,围绕宝石列外围绘制一个稍大的矩形(图 10-1-29)。

图 10-1-29　围绕宝石列外围的矩形

Step2:将矩形轮廓加粗,再单击菜单栏中的"排列",选择下拉菜单中的"将轮廓转换为对象"(图 10-1-30)。

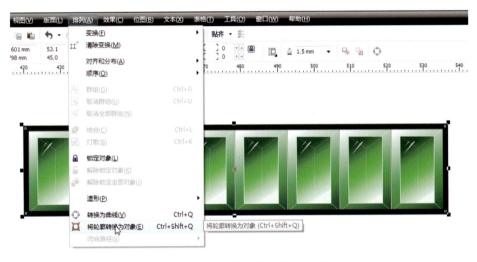

图 10-1-30　"将轮廓转换为对象"

Step3:为转换为对象的矩形框添加线性渐变填充,将轮廓色设为 50% 的黑,其效果如图 10-1-31 所示。

图 10-1-31　添加线性填充

四、珠镶的绘制

珠镶,也称孔镶,是珍珠、琥珀等有机宝石常用的镶嵌方式,它的操作方式为:在珍珠上打孔,使用黏结剂使之与首饰托架上的金属柱相黏结,组成首饰整体。对于设计师来说,珠镶金属托部分的造型是首饰设计的一个要点。其绘制方法如下。

Step1:在珍珠顶部创建椭圆(图 10-1-32)。右键点选椭圆,在弹出的菜单中选择"转换为曲线"(或按快捷键 Ctrl+Q),如图 10-1-33 所示。利用"形状"工具,在椭圆曲线下半部分增加节点,并编辑形状(图 10-1-34),最后成为如图 10-1-35 所示的花边状金属托。

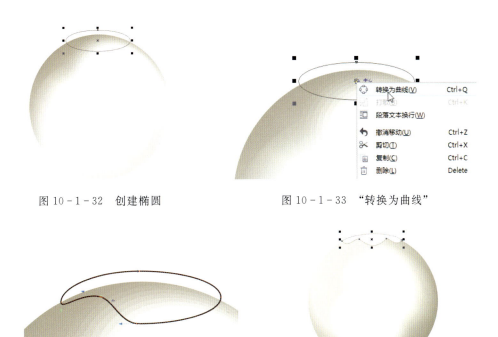

图 10-1-32　创建椭圆　　　　图 10-1-33　"转换为曲线"

图 10-1-34　添加、编辑节点　　图 10-1-35　花边状金属托造型

Step2:复制该图形,并对复制的图形添加线性填充(图 10-1-36)。将两个图形对齐,选择渐变填充的图形,将其稍稍拉长(图 10-1-37)。

图 10-1-36　添加线性填充

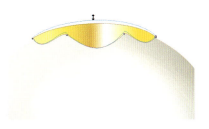

图 10-1-37　拉伸图形

Step3：使用"形状"工具编辑图形造型，使下层图形露出，表现其厚度（图 10-1-38）。最后效果如图 10-1-39 所示。图 10-1-40 展示了不同款式的金属托造型设计。

图 10-1-38　编辑上层图形　　　　　　　图 10-1-39　珠镶效果

图 10-1-40　不同款式的金属托

第二节　金属链与链扣的绘制

一、金属链的画法

金属链是首饰常用的结构，根据设计需要，呈现不同的款式，如套环链、蛇骨链，如图 10-2-1 所示。为了将链子的结构表现清楚，利用 CorelDRAW 绘图时，一般描绘金属链完全展

图 10-2-1　金属链的各种款式

开的状态,且不表现透视。下面就介绍两种常见金属链的画法。

1. 环套链的画法及其设计变化

环套链的画法很简单,先创建出环套链的单元,再将其重复排列,便可得到链子的效果。下面以圆环套链为例介绍环套链的绘制步骤,其他款式可类推。

Step1:选择工具箱中的"基本形状"工具,展开属性栏"完美形状"的下拉菜单,点选其中的圆环造型(图10-2-2),创建合适尺寸的圆环(图10-2-3)。

Step2:为圆环添加射线填充,增加立体感(图10-2-4)。

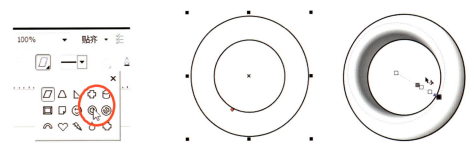

图10-2-2 "完美形状"中的圆环　　图10-2-3 创建圆环　　图10-2-4 添加射线填充

Step3:新创建一个圆角矩形,添加线性填充,表现圆环的侧视图,并将其置于已有的圆环上,表示两金属环相套接(图10-2-5)。以此为单元,进行重复、排列并结合旋转创建出环套链(图10-2-6)。

图10-2-5 两个相套的圆环　　　　图10-2-6 圆环套链

我们可以用上述方法,设计各种套链单元环造型,通过复制该单元,将其合理排列,绘制出不同的金属链款式,运用于首饰作品中。图10-2-7列出了四种款式的金属链。

附　马眼形单元环的画法

(1)创建一个椭圆,将其转化为曲线,利用"形状"工具编辑节点:先删掉中部的两个节点,再将上下端两个节点的属性修改为"尖突",最后调整控制手柄方位,将椭圆改变成马眼形(图a)。

(2)复制已有马眼形,将其沿中心缩放,并作适当比例的调整(图b)。

图 10-2-7　四种款式的金属链

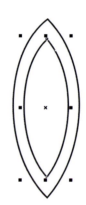

图 a　编辑节点　　　　　　　　图 b　沿中心复制另一个马眼形

(3)打开"造型"泊坞窗,选择"修剪",用内部形状修剪外部形状(图 c)。为修剪后的图形添加线性颜色填充(图 d)。

(4)复制一个马眼形置于后层,修改颜色填充,表现马眼形金属链环的厚度(图 e)。

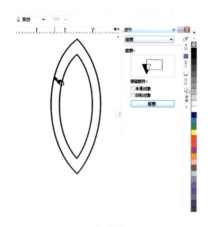

图 c　修剪外部马眼形　　　　图 d　添加线性填充　　　　图 e　创建厚度效果

2. 蛇骨链的表现方法

Step1:用"贝塞尔"工具创建一个弧线(图10-2-8)。在当前位置复制该曲线(图10-2-9)。

图10-2-8　创建弧线　　　　　　　图10-2-9　复制弧线

Step2:将复制后曲线的宽度设置为2.5mm(图10-2-10)。

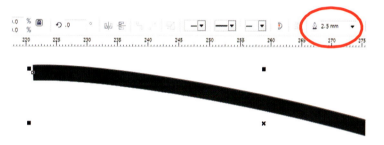

图10-2-10　修改曲线宽度

Step3:选择曲线,再点选菜单栏中"排列"中的"将轮廓转换为对象"(图10-2-11)。这样,轮廓曲线被转变为封闭的曲线对象。

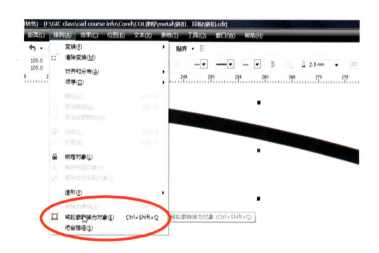

图10-2-11　"将轮廓转换为对象"

Step4:为新转化的对象添加黑色轮廓以及由灰到白的线性填充(图10-2-12),这将是蛇骨链的外形轮廓。将该对象的顺序调整至原有曲线的后面(图10-2-13)。

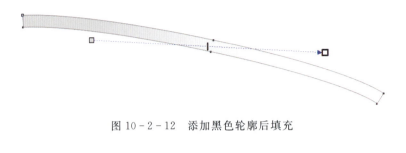

图 10-2-12　添加黑色轮廓后填充

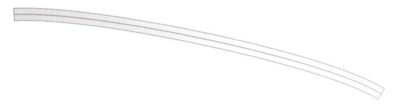

图 10-2-13　调整对象顺序

Step5：分别在对象两端创建曲线，将曲线两端紧贴对象的两边轮廓（图 10-2-14）。

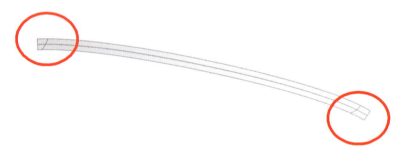

图 10-2-14　在两端创建曲线

Step6：在新创建的曲线间建立交互式调和，并增加其步长值（本例中步长值为 50），如图 10-2-15 所示。

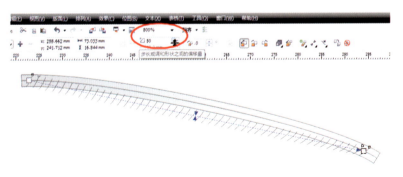

图 10-2-15　在两端曲线间建立交互式调和

Step7：点选"交互式"工具属性栏中的"路径属性"，在下拉菜单中点选"新路径"，如图10-2-16所示。当光标变成粗箭头，将其指向最初创建的轮廓曲线（图10-2-17）。这样，交互式调和组便沿着曲线排列开（图10-2-18）。

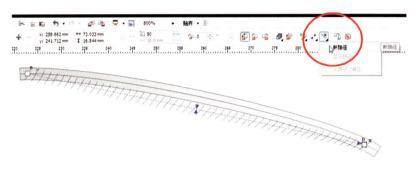

图10-2-16 选择"新路径"

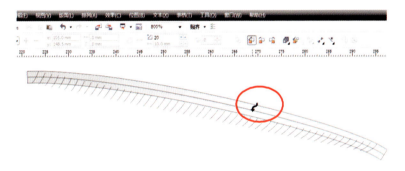

图10-2-17 箭头指向中间的轮廓曲线

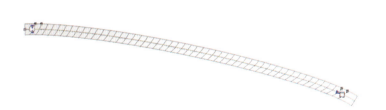

图10-2-18 调和组沿中心曲线排列

Step8：选中间的曲线，将其设置为无轮廓（鼠标右键点选颜色条上 ⊠）并将其隐藏起来（图10-2-19）。组合所有物体，为其添加线性透明效果（图10-2-20）。

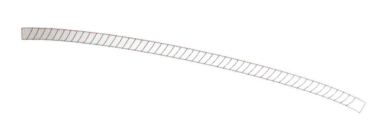

图10-2-19 隐藏中部的曲线

图 10-2-20 添加线性透明效果

Step9：在适当的位置添加高光与阴影，表现蛇骨链的立体效果（图 10-2-21）。

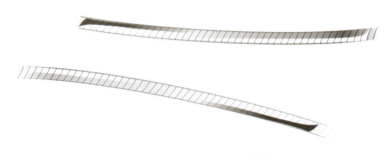

图 10-2-21 蛇骨链最后效果

3. 金属珠链的画法

金属珠链由金属珠子串接而成，是项链、手链常用的配件（图 10-2-22）。下面介绍金属珠链的绘制方法。

Step1：利用射线填充创建一个金属小球（参考大小为 3.5mm），如图 10-2-23 所示，它表示珠链的一个重复单元。复制一个小球，将其置于已绘小球下方，利用"交互式调和"工具，在两个小球之间建立交互式调和（图 10-2-24）。建立交互式调和后效果如图 10-2-25 所示。

Step2：用"贝塞尔"工具创建一根曲线（图 10-2-26），它表示链子的形态。点选调和的珠

图 10-2-22 金属珠链项饰

图 10-2-23 金属球的射线填充

子,在属性栏中长按"路径属性"图标,在显示的下拉菜单中点选"新路径"(图 10-2-27),这个命令将使两颗金属珠以新的路径建立调和。而后光标变成粗显的箭头,将箭头指向刚创建的曲线(图 10-2-28)。这样,所有的金属珠都被吸附到曲线上,形成珠链的效果(图 10-2-29)。

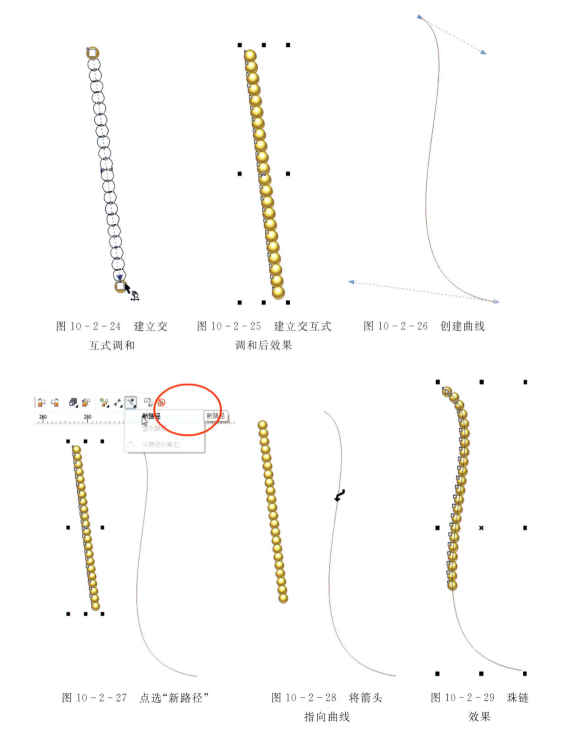

图 10-2-24 建立交互式调和　　图 10-2-25 建立交互式调和后效果　　图 10-2-26 创建曲线

图 10-2-27 点选"新路径"　　图 10-2-28 将箭头指向曲线　　图 10-2-29 珠链效果

Step3：点选位于最底部的金属珠，并将其移至曲线末端，如图10-2-30所示，可以发现珠子的数量偏少，之间的间隙过大。点选调和组，增加属性栏中的步长值，直至珠子在曲线上无间隙地排列，在本例中步长值被设为32，效果如图10-2-31所示。

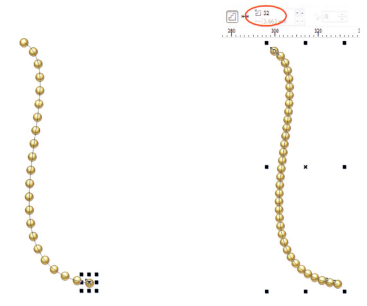

图10-2-30　移动下方金属珠　　　　图10-2-31　增设步长值

Step4：隐藏路径。小心地选择珠链中间的曲线，即调和的路径，在颜色条上右键点选无色图标(图10-2-32)，这样曲线就不可见了(图10-2-33)。

通过创建不同的曲线，我们可以用上述方法绘制珠链的不同形态。珠链可以作为吊坠、项饰或手链的配件，如图10-2-34所示为珠链项饰。

图10-2-32　右键点选无色图标　　　图10-2-33　珠链效果　　　图10-2-34　珠链项饰

二、瓜子扣及其绘制

瓜子扣是吊坠的常用备件,可以被用来连接坠饰和项链(图 10-2-35)。下面介绍两种绘制瓜子扣的方法。

1. 单弧面瓜子扣

Step1:按照前文绘制"尖头爪"的方法,使用"形状"工具绘制如图 10-2-36 所示的造型。参考轮廓色为(R158,G115,B45)。

Step2:按照弧面金属的光影效果,为造型添加线性填充(图 10-2-37,注意表现出高光区、背光区和反光区)。

图 10-2-35 瓜子扣

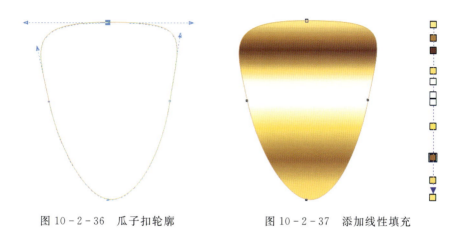

图 10-2-36 瓜子扣轮廓　　图 10-2-37 添加线性填充

2. 曲面瓜子扣

Step1:按照前文绘制"尖头爪"的方法,使用"形状"工具绘制如图 10-2-38 所示的造型。

Step2:按照弧面金属的光影效果,为造型添加线性填充(图 10-2-39)。从上至下三个节点的颜色依次为(R138,G101,B8)、(R255,G233,B178)、(R138,G101,B8)。

图 10-2-38 瓜子扣轮廓　　图 10-2-39 添加线性填充

Step3:使用"贝塞尔""形状"工具绘制瓜子扣的阴影(图10-2-40,注意节点属性)。为该图形填充颜色(R138,G101,B8),效果如图10-2-41所示。为该图形添加线性透明效果(图10-2-42)。

图10-2-40 绘制阴影造型   图10-2-41 添加单色填充   图10-2-42 添加线性透明效果

Step4:复制瓜子扣的外轮廓,使用"形状"工具将其编辑成如图10-2-43所示造型,填充白色(无轮廓),将透明度值设为100(图10-2-44)。复制该造型,将其缩小,将透明度值设为82(图10-2-45)。

 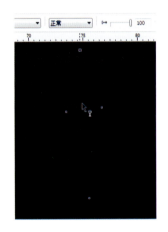 

图10-2-43 编辑形状   图10-2-44 添加透明效果   图10-2-45 复制的图形

Step5:使用"交互式调和"工具为上述两个造型添加调和效果,形成高光区(图10-2-46)。将高光、阴影放置在瓜子扣主体造型上,古铜色圆弧面瓜子扣绘制完毕(图10-2-47)。

图 10-2-46　瓜子扣的光斑　　图 10-2-47　曲面瓜子扣效果

三、虾扣的画法

虾扣是首饰中常见的结构,因其外形似龙虾而得名,用来实现金属链的开合。它被大量地应用于手链、项链和钥匙扣中(图 10-2-48)。绘制出一款虾扣后,读者可以将其多次复制调用。

Step1:将椭圆形转化为曲线,使用"形状"工具编辑节点,绘制如图 10-2-49 所示的两个造型。它们分别表示虾扣的内、外轮廓。使用"造型"工具的"修剪"命令,用内部图形修剪外部图形,形成虾扣基本轮廓(图 10-2-50)。

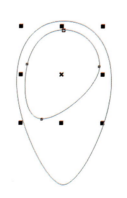
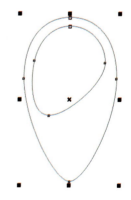

图 10-2-48　带有虾扣的饰品　　图 10-2-49　虾扣内外轮廓　　图 10-2-50　修剪后造型

Step2:绘制如图 10-2-51 所示曲线,与图形相交。使用"造型"工具的"修剪"命令,用曲线修剪虾扣轮廓,修剪完成后效果如图 10-2-52 所示。

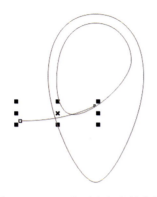
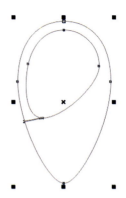

图 10-2-51　与对象相交的曲线　　　图 10-2-52　修剪后效果

Step3：用同样方法在虾扣造型上剪出另一个缺口（图 10-2-53）。虽然从视觉效果上看，该造型被分成了三部分，但此时仍为一个整体。右键点选虾扣造型，在弹出的菜单中选择"打散曲线"，这样造型被分成独立的三个图形（图 10-2-54）。使用"形状"工具编辑缺口的节点，再调整虾扣外形轮廓（图 10-2-55）。

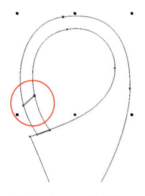
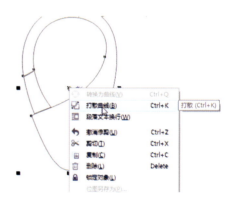

图 10-2-53　修剪缺口　　　图 10-2-54　"打散曲线"

Step4：在虾扣外形轮廓右侧绘制如图 10-2-56 所示造型，并将其放在下层。

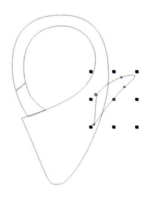

图 10-2-55　编辑造型　　　图 10-2-56　创建新对象

Step5：为虾扣主体造型添加射线填充（图10-2-57）。为其他部分造型添加线性填充（图10-2-58、图10-2-59）。

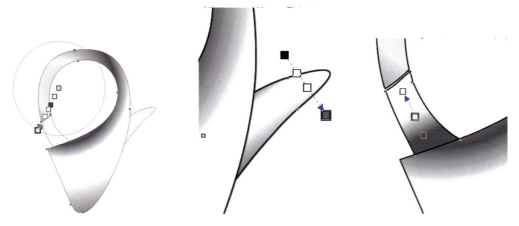

图10-2-57　添加射线填充　　图10-2-58　拨扣的线性填充　　图10-2-59　添加线性填充

Step6：绘制虾扣下方的圆环（图10-2-60），为其添加射线填充，绘制完毕后效果如图10-2-61所示。图10-2-62展示了不同尺寸的虾扣款式。

图10-2-60　绘制金属圆环　　图10-2-61　虾扣完成效果　　图10-2-62　不同款式虾扣的效果

四、常见钥匙扣的画法

Step1：绘制如图10-2-63所示圆形（直径为35mm）与矩形。使用"造型"工具的"修剪"命令用矩形修剪圆形（图10-2-64）。复制修剪后的图形，将其缩小后放在原图中间（图10-2-65）。

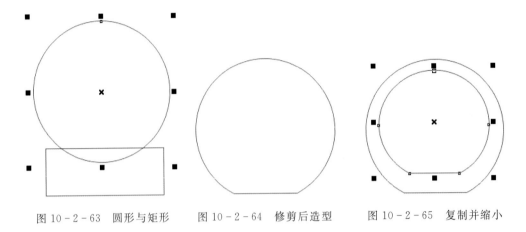

图10-2-63 圆形与矩形　　图10-2-64 修剪后造型　　图10-2-65 复制并缩小

Step2：使用"修剪"命令，用中图形修剪外部图形，形成钥匙圈的轮廓（图10-2-66）。
Step3：绘制两根曲线，与钥匙圈相交，如图10-2-67所示。

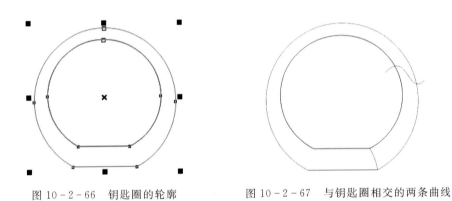

图10-2-66 钥匙圈的轮廓　　　　图10-2-67 与钥匙圈相交的两条曲线

Step4：使用"修剪"命令分别用两条曲线修剪钥匙圈，这样钥匙圈被剪出两道缺口（图10-2-68）。右键点选造型，选择下拉菜单中的"打散曲线"，如图10-2-69所示，这样，钥匙圈被缺口分为独立的两个部分。

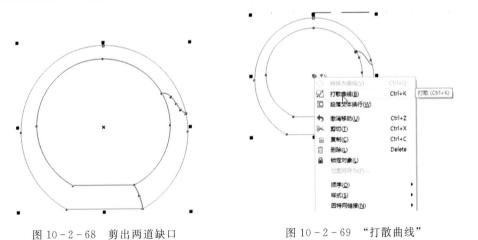

图10-2-68 剪出两道缺口　　　　图10-2-69 "打散曲线"

Step5：使用"形状"工具编辑这两道缺口（图10-2-70、图10-2-71）。

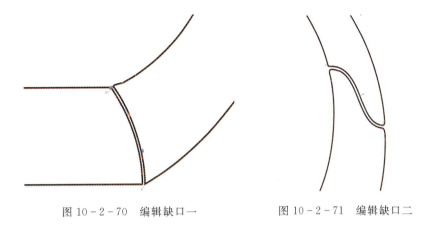

图10-2-70 编辑缺口一　　　　　图10-2-71 编辑缺口二

Step6：分别为钥匙圈的两个部分添加射线填充（图10-2-72、图10-2-73）。

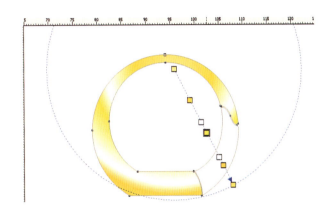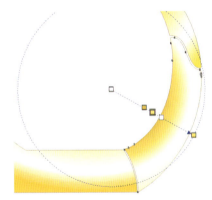

图10-2-72 左半部分的射线填充　　　　图10-2-73 右半部分的射线填充

Step7：绘制一个圆环，放在钥匙圈下方，使用"修剪"工具，用钥匙圈修剪圆环，使圆环成为两个部分（见本例中Step4），如图10-2-74所示。删除上方曲线，为下方造型添加射线填充（图10-2-75）。

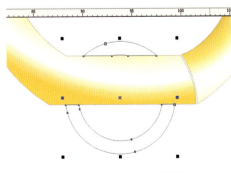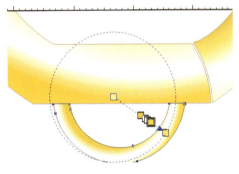

图10-2-74 修剪圆环　　　　　图10-2-75 半圆环的射线填充

Step8:绘制一个圆角矩形(图10-2-76),并为其添加线性填充,表现圆环的侧视图(图10-2-77)。

Step9:绘制一个圆环,并为其添加射线填充(图10-2-78)。

Step10:复制圆环及其侧面造型,调整钥匙圈与圆环的位置,钥匙扣绘制完毕后效果如图10-2-79所示。

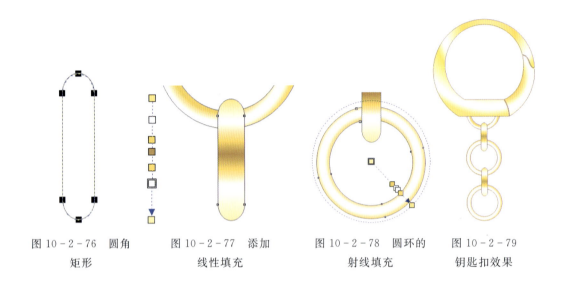

图10-2-76 圆角矩形　　图10-2-77 添加线性填充　　图10-2-78 圆环的射线填充　　图10-2-79 钥匙扣效果

五、T形扣的画法

T形扣是手链、项链常用的功能结构,它由分别位于链两端的一个金属环和一段长于环直径的金属棒组成,如图10-2-80所示为手链两端结构。它的绘制方法比较简单,要注意的是其造型在设计上的变化(图10-2-81)。下面演示一款T形扣的画法,关于变款的表现方法,读者可举一反三。

图10-2-80 T形扣手链一　　　　　　　图10-2-81 T形扣手链二

Step1:创建一个圆角矩形(参考尺寸为5mm×25mm),如图10-2-82所示,右键点选"转换为曲线"(或按快捷键Ctrl+Q),将矩形转变为由节点组成的曲线。启用"形状"工具,框选所有的四个节点,在属性栏中点选"转换直线为曲线",如图10-2-83所示,该操作改变了线段的曲直属性,保证原有的直线可以通过编辑发生弯曲。

Step2:利用"形状"工具编辑左侧竖直线段,使之发生向内的弯曲(图10-2-84)。再编辑水平线段,使其向上弯曲(图10-2-85)。编辑另外两根线段,最终效果如图10-2-86所示。

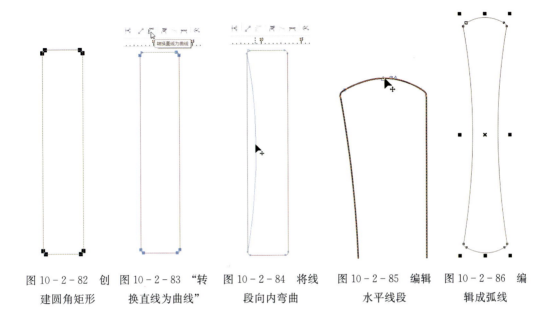

图10-2-82 创建圆角矩形　　图10-2-83 "转换直线为曲线"　　图10-2-84 将线段向内弯曲　　图10-2-85 编辑水平线段　　图10-2-86 编辑成弧线

Step3:为编辑好的造型添加线性填充(图10-2-87)。

Step4:制作光斑,表现立体感。复制该造型(图10-2-88),利用"造型"工具中的"修剪"命令将上层对象修剪下层(注意勾选窗口中的"目标对象"),保留下层图形。修剪后,将得到的新对象稍稍缩小(图10-2-89)。继续编辑修剪后对象,将它作为金属棒上的高光斑(图10-2-90)。将光斑填充白色,并添加线性透明度(图10-2-91)。

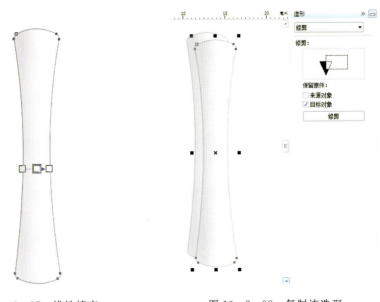

图10-2-87 线性填充　　　　图10-2-88 复制该造型

图 10-2-89　缩小修剪后对象　　图 10-2-90　编辑光斑造型　　图 10-2-91　添加线性透明度

Step5：复制光斑，进行两次镜像操作，并将其填充黑色，得到金属棒的阴影（图 10-2-92）。在金属棒合适的位置创建金属环，得到 T 形扣一端的结构（图 10-2-93a），另一端结构如图 10-2-93b 所示（注意：端部的大圆环内径要小于金属棒长度的一半）。图 10-2-94 展示了两端扣合的 T 形扣。

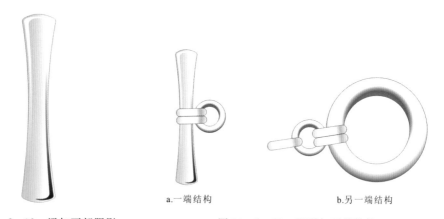

图 10-2-92　添加下部阴影　　　　图 10-2-93　T 形扣两端结构

图 10-2-94　扣合的 T 形扣

第三节 丝状造型的表现技巧

金属丝是首饰造型的常见材料形式,将金属丝进行弯曲、焊接,可以创造出二维平面或三维空间造型,并为首饰形制提供一种别致有趣的造型手法(图10-3-1)。

一、金属丝装饰图案的表现方法

丝状造型类似曲线,但首饰中的"丝"往往粗细有变化而且末端圆滑,因此在CorelDRAW中不能直接用曲线表现。下面介绍的方法以绘制轮廓曲线为基础,结合"将轮廓转换为对象"的命令,最后通过编辑节点来实现丝状造型的效果。我们将以一个金属叶形装饰胸针的绘制方法为例,其步骤如下。

Step1:用"贝塞尔""形状"工具创建一条曲线,表现弯曲金属丝的形态,其水平方向尺寸为10mm(图10-3-2)。将属性栏轮廓宽度修改为0.5mm(可根据实际金属丝的粗细选择),如图10-3-3所示。

图10-3-1 带有金属丝装饰的手镯

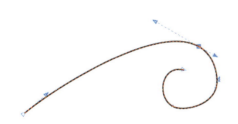

图10-3-2 创建贝塞尔曲线

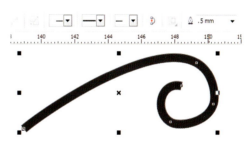

图10-3-3 修改轮廓值

Step2:选中该曲线,在菜单栏"排列"的下拉菜单中,点选"将轮廓转换为对象"(或按快捷键Ctrl+Shift+Q),如图10-3-4所示。利用该命令将轮廓曲线转变为封闭的曲线对象(图10-3-5),此时对象被默认填充为黑色(无轮廓)。

图10-3-4 "将轮廓转换为对象"

图10-3-5 转变为对象

Step3：利用"形状"工具编辑对象的节点，在不改变基本外形的前提下，先尝试删掉尽可能多的节点（图10-3-6），剩下十个节点。这样做的目的是为了让造型更流畅，而且节点越少，编辑起来越容易。继续编辑节点，通过选择适当的节点属性（尖突、平滑或对称）与控制手柄的位置，调整丝状造型的粗细变化与卷曲的末端形状（图10-3-7）。

 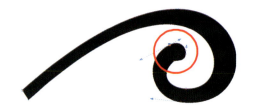

图10-3-6　删除不必要的节点　　　　　图10-3-7　编辑节点

Step4：为丝状造型添加黑色轮廓（无填充），如图10-3-8所示。用同样的方法，绘制如图10-3-9所示的三个对象。

Step5：如图10-3-10所示，将已创建的四个对象放置在一起，复制最初的两个卷曲的丝状对象，结合旋转、缩放、偏斜等操作形成新的丝状装饰，根据设计，将它们放在适当的位置，形成叶脉的装饰图案效果（图10-3-11，注意：每根卷曲叶脉的端部都要与位于中间的主脉有重叠）。

图10-3-8　添加黑色轮廓与无填充

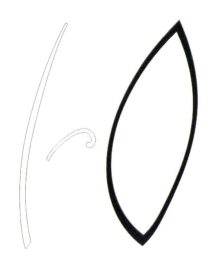  

图10-3-9　三个对象　　图10-3-10　新的丝状造型　　图10-3-11　叶脉的装饰图案效果

Step6：框选所有卷曲的叶脉造型（图10-3-12），再打开"造型"工具泊坞窗，选择其中的"焊接"，将光标指向中间的主脉（图10-3-13）。这样，位于两侧的卷曲叶脉就与中间的主脉合为一体了（图10-3-14）。

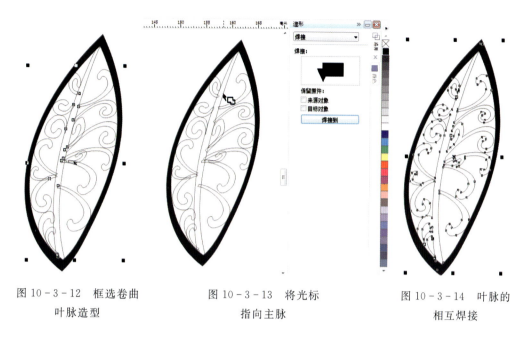

图 10-3-12 框选卷曲叶脉造型　　图 10-3-13 将光标指向主脉　　图 10-3-14 叶脉的相互焊接

Step7：为叶形外框添加线性填充，表现 K 金的色调（图 10-3-15）。为叶脉添加线性填充（图 10-3-16），最后在适当位置增加高光与阴影，带有金属丝装饰的树叶造型最后效果如图 10-3-17 所示。

图 10-3-15 外框的线性填充　　图 10-3-16 叶脉的线性填充　　图 10-3-17 最后效果

二、耳钩的画法及设计变化

耳钩也是典型的丝状造型，在实际加工过程中是用金属丝的弯曲来实现的。虽然是功能配件，但根据耳坠的造型需要，可以将耳钩设计成不同形式，下面以传统款式为例介绍耳钩画法,读者可举一反三,设计不同款式。

Step1:使用"手绘"工具,绘制耳钩的大致形状(图10-3-18)。绘制完毕后的效果如图10-3-19所示。使用"形状"工具编辑节点,编辑后效果如图10-3-20所示。这样,耳钩基本轮廓就形成了。

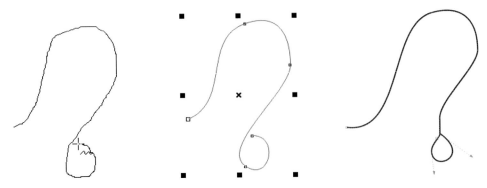

图10-3-18　手绘曲线　　　10-3-19　"手绘"工具绘制的图形　　　图10-3-20　编辑节点

Step2:将对象轮廓加粗至0.5mm(图10-3-21)。按快捷键Ctrl+Shift+Q,将曲线转换为对象,无填充(轮廓为黑色),如图10-3-22所示。

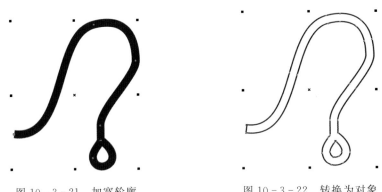

图10-3-21　加宽轮廓　　　　　　图10-3-22　转换为对象

Step3:使用"圆角"工具修改耳钩末端形状,使其变圆滑。打开"窗口"下拉菜单,选择泊坞窗中的"圆角/扇形切角/倒角",如图10-3-23所示,弹出相应泊坞窗。选择耳钩末端下方的节点,将通过该节点处的造型设置为尖角;将其半径设置为0.4mm,确认"操作"为"圆角",点击泊坞窗中"应用",这样,就将尖角倒成圆角(图10-3-24)。用同样方法,在末端上方的节点处倒圆角并将其半径设置为0.2mm,如图10-3-25所示。

Step4:编辑其他节点,删除不必要的节点,使耳钩造型更流畅(图10-3-26)。

Step5:为对象添加线性填充,表现其金属光泽,并将轮廓设置为0.02mm,如图10-3-27所示。绘制七至八个圆角矩形,将其排列放置在耳钩下端(图10-3-28),表示螺旋缠绕的金属丝。常见的耳钩款式绘制完毕,其效果如图10-3-29所示。

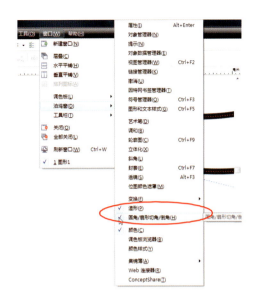

图 10-3-24　将下方尖角倒为圆角

图 10-3-23　启用"圆角/扇形切角/倒角"

图 10-3-25　将上方尖角倒为圆角

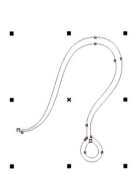
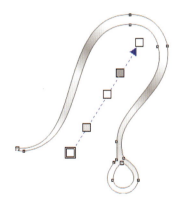
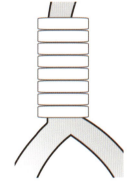

图 10-3-26　节点编辑　　　　图 10-3-27　添加线性填充　　图 10-3-28　圆角矩形
　　　结束后耳钩轮廓　　　　　　　　　　　　　　　　　　　　　　对齐排列

图 10-3-30 列出了两种耳钩的变款形式。

图 10-3-29　耳钩效果　　　　　　　　　图 10-3-30　耳钩的变款

第四节 镂空效果与厚度表现技巧

镂空是首饰的常见表现手法,可以用 CorelDRAW 的"造型"工具来实现。一般来说,镂空设计有两种形式:将设计的图案镂空(如图 10-4-1 所示的扑克牌吊坠);将图案以外部分镂空(如图 10-4-2 所示的心形吊坠)。下面分别以扑克牌吊坠和心形吊坠为例讲解两种镂空设计的表现方法。

图 10-4-1 扑克牌吊坠　　　　　　图 10-4-2 心形吊坠

以下介绍教学范例 1——镂空扑克牌吊坠。

1. 绘制流程

在这款吊坠中,设计的图案(桃心与字母 A)将被镂去,其绘制流程如图 10-4-3 所示。

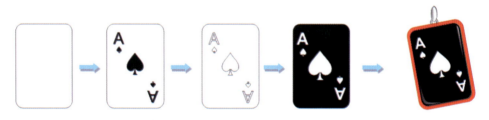

图 10-4-3 扑克牌吊坠绘制流程

2. 绘制步骤

Step1:使用"矩形"工具绘制一个圆角矩形(参考尺寸为 44mm×30mm),用其表示扑克牌的轮廓(图 10-4-4)。

Step2:使用文本工具,输入字母"A"(参考尺寸为 6mm×6mm),如图 10-4-5 所示。

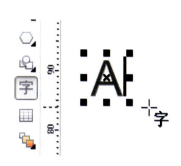

图 10-4-4　创建圆角矩形　　　　　　图 10-4-5　输入"A"

Step3：使用"基本形状"工具绘制心形图案，使用"贝塞尔"工具创建曲线三角形（图 10-4-6）。

Step4：将两个对象排列成扑克牌中桃心图案，使用"造型"工具中的"焊接"命令将它们焊接成一个完整的图形（图 10-4-7）。可以使用"圆角/扇形切角/倒角"工具将桃心图案中过于尖锐的地方修改圆滑，因为真实的首饰应避免过于尖锐的造型设计。

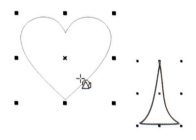

图 10-4-6　创建心形与曲线三角形　　　图 10-4-7　焊接后的桃心

Step5：将桃心填充为黑色，复制两个桃心并调整大小，将其与之前输入的字母 A 一起放置在扑克牌轮廓图形上（图 10-4-8）。利用"造型"工具中的"修剪"命令，将三个桃心与两个字母 A 从圆角中剪去并为修剪后的图形填充黑色，使其呈现出镂空的效果（图 10-4-9）。

Step6：为镂空的扑克牌添加红色边框与瓜子扣，这样，一款镂空的黑桃扑克牌就绘制完成了（图 10-4-10）。

图 10-4-8　排列字母与桃心图案　　图 10-4-9　修剪后的扑克牌　　图 10-4-10　镂空扑克牌吊坠效果

以下介绍教学范例 2——镂空心形吊坠。

在这款吊坠中,设计的图案(大小、方向不一的心形)将被保留,图案之外部分将被镂空。绘图思路是先创建与设计图案相同的图形,再绘制外框,最后将图形焊接到外框上,形成镂空效果。

Step1:使用"基本形状"工具绘制心形图案(图 10-4-11)。按 Ctrl+Q 将其转换为曲线,使用"形状"工具编辑节点,编辑后效果如图 10-4-12 所示。

Step2:复制并缩小心形图案,使用"造型"工具中的"修剪"命令用内部图形修剪外部图形,形成中空心形(图 10-4-13)。

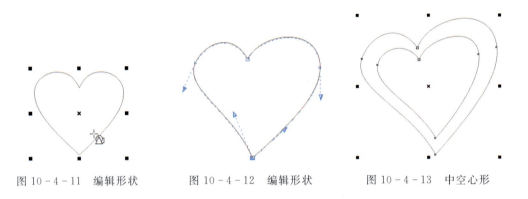

图 10-4-11　编辑形状　　　图 10-4-12　编辑形状　　　图 10-4-13　中空心形

Step3:复制多个心形,并将它们调整至不同大小,其中最大的心形为吊坠的外框,其他较小的根据设计来排列(图 10-4-14)。排列完成后其效果如图 10-4-15 所示(注意:相邻图形间应有重合部分)。

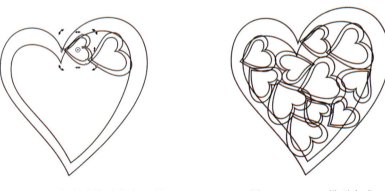

图 10-4-14　复制并排列多个心形　　　图 10-4-15　排列完成

Step4:打开"造型"工具的泊坞窗。框选所有较小的心形(图 10-4-16),点选泊坞窗中的"焊接",将箭头指向最大的心形外框(图 10-4-17)。这样,所有图形被焊接到一起,成为一个对象,形成镂空效果(图 10-4-18)。

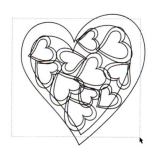  

图 10-4-16　框选小的心形　　图 10-4-17　焊接箭头指向最大心形　　图 10-4-18　焊接完成

Step5：放大视图检查焊接效果，使用"形状"工具修正焊接不充分的局部造型。在图 10-4-19 中箭头所在处删掉不必要的节点，调整后的造型如图 10-4-20 所示。

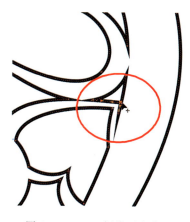 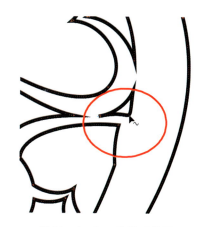

图 10-4-19　焊接不充分处　　图 10-4-20　编辑后效果

Step6：编辑心形外框底部的尖锐造型，使之稍圆滑（图 10-4-21）。为镂空的心形添加线性填充（图 10-4-22）。

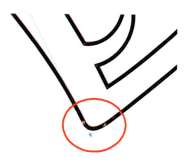 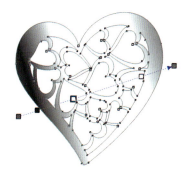

图 10-4-21　编辑心形外框底部形态　　图 10-4-22　添加线性填充

Step7：为镂空造型添加厚度。为图形添加厚度的方法有两种，下面将分别演示。
方法一：复制原图形，得到上下两层心形物体（图 10-4-23）。修改下层对象的填充属性,使其呈现厚度的视错觉(图10-4-24)。调整上下两层对象未重叠的部位(如图10-4-25所示部位),我们可以使用"形状"工具编辑下层对象,将下层暴露部分隐藏起来(图10-4-26)。编辑结束后,心形镂空图形便呈现出立体效果(图10-4-27)。

 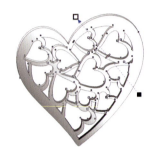 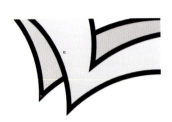

图10-4-23 复制原图形　　　图10-4-24 修改下层对象　　　图10-4-25 未重叠部位

图10-4-26 编辑下层对象　　　图10-4-27 添加厚度完成效果

方法二:使用"交互式立体化"工具为对象添加立体效果。选中镂空心形,再点选交互式展开工具列中的"立体化"工具(从左向右第六个图标),将光标从"心形"中心位置向外侧移动,移动的方向表示该物体透视的角度;在属性栏中将"深度"值修改为3(或2,读者可根据原图大小设置合适数值),该数值表示所添加厚度的大小(图10-4-28)。使用两色模式,将对象颜色调整为由白色到灰色的渐变色(图10-4-29)。立体化完成后效果如图10-4-30所示。

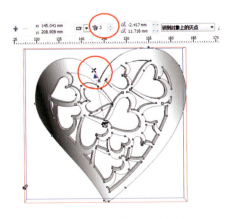 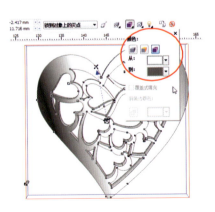

图10-4-28 设置"深度"值　　　图10-4-29 设置颜色

我们可以加以宝石点缀,将该镂空造型设计成吊坠(图 10-4-31)。

图 10-4-30　立体化完成效果　　　　图 10-4-31　镂空心形吊坠

第五节　穿插结构及其绘制

将首饰的两个金属部件相套,便形成穿插造型。金属链的单元部件之间,耳饰中耳钩与耳坠的结合就属于穿插结构。下面以两个相套的金属环为例,说明该结构在 CorelDRAW 中的表现方法。

Step1:利用射线填充绘制两个圆环(图 10-5-1)。

Step2:利用"造型"工具的"相交"命令,剪出两个圆环的相交部分,如图 10-5-2 所示。

 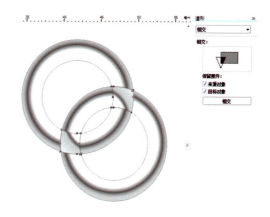

图 10-5-1　创建两个叠放的圆环　　　　图 10-5-2　执行"相交"命令

Step3:选择相交的部位,单击鼠标右键,在下拉菜单中点击"打散曲线"(图 10-5-3)。这样相交的两部分成为独立物件,删掉其中一个相交物件(图 10-5-4)。

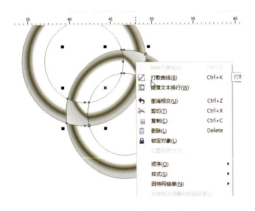
图 10-5-3　打散相交的曲线

图 10-5-4　删除一个相交物件

Step4：利用"造型"工具的"修剪"命令，用相交图形剪上部圆环（图 10-5-5）。剪后效果如图 10-5-6 所示。由于相互修剪的物件轮廓紧紧相贴，因此修剪后在圆环轮廓处残留了少许线段。选择上部圆环，单击鼠标右键，在下拉菜单中点击"打散曲线"，删掉修剪后残留的线段，最终效果如图 10-5-7 所示。

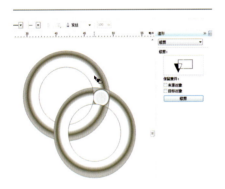
图 10-5-5　执行"修剪"命令

图 10-5-6　修剪后效果

图 10-5-7　穿插效果

第十一章 自由造型的绘制

本章教学内容为:重点讲述"贝塞尔""钢笔"工具与"形状"工具的使用技巧;介绍如何从照片中提取有机的造型素材,衍生出首饰造型,并用"贝塞尔"工具、"钢笔"工具结合"形状"工具表现出来。

将使用的主要工具为"贝塞尔"工具、"钢笔"工具、"形状"工具。

第一节 自由造型的绘制方法

以下介绍"莲"耳饰的设计与绘制。

一、绘制流程

"形状"工具和"手绘"工具里的"贝塞尔""钢笔"工具结合运用可描绘出任何的自由造型,"莲"耳饰的绘制流程如图 11-1-1 所示。

图 11-1-1 "莲"耳饰的绘制流程

二、设计与绘制步骤

Step1:首先对自然形态莲蓬元素进行提取、归纳和再创造,设计一个"莲"耳饰的首饰外形,并手绘出效果图(图 11-1-2)。

Step2:将"莲"耳饰手绘图扫描后通过"导入"工具(Ctrl+I)将电子文档导入到绘图页面的合适位置(图 11-1-3)。

图 11-1-2　莲蓬照片和"莲"耳饰手绘设计　　　图 11-1-3　将手绘设计图导入到页面中

Step3：用"手绘"工具里的"贝塞尔""钢笔"工具沿着导入图片的每个结构外形勾画出图形的各个局部，如图 11-1-4 所示（注：必须为封闭图形），并用"形状"工具来调节节点（图 11-1-5），使形状符合原手绘效果图的外形轮廓，并用不同的灰色色块来填充，显现区分图中的每一部分结构（图 11-1-6）。

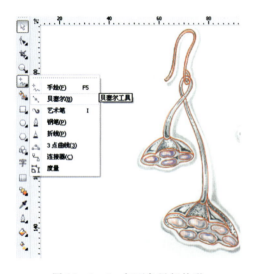 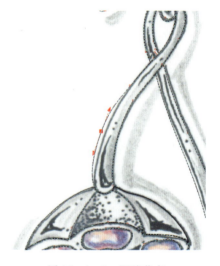

图 11-1-4　勾画各局部外形　　　　　　　图 11-1-5　调整节点

Step4：以"莲"耳饰每一单独局部为对象添加线性填充表现金属光泽（图 11-1-7）。对其中的珍珠材质部分用"效果"下拉菜单中的"图框精确剪裁"工具填充彩贝材质来模仿珍珠材质（图 11-1-8）。

第三篇　金属画法

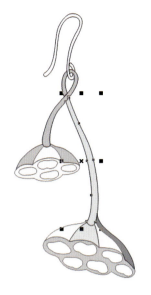

图 11-1-6　分层填色

图 11-1-7　表现金属光泽

Step5：绘制耳饰中的高光光斑、暗部、阴影部分，增加立体感和光泽感（图 11-1-9）。

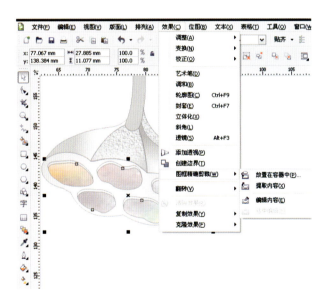

图 11-1-8　表现珍珠材质

11-1-9　"莲"耳饰效果

第二节　本章要点与技巧总结

在首饰设计造型中自由造型是出现得最多的，运用好"贝塞尔""钢笔"工具与"形状"工具能画出各种想要的自由形态。首先要锻炼手的灵活性，运用鼠标如同使用画笔一样顺畅；然后在造型完成的情况下，尽可能减少节点，这样图形会更流畅，文件也不会过大。

第十二章　CorelDRAW 金属肌理的表现方法

本章教学内容为金属首饰材料的镜面效果、拉丝效果、喷砂效果的表现方法。

将使用的主要工具为"交互式填充"工具、"交互式调和"工具、"底纹填充"工具、"位图转换与位图编辑"命令。

第一节　拉丝纹肌理的表现方法

以下介绍教学范例 1——拉丝纹吊坠的绘制。

一、绘制流程

底纹库"样本 9"里的"干涉效果"（"Samples 9"中"Interference"）可用来模拟金属首饰的拉丝效果，其绘制流程如图 12-1-1 所示。

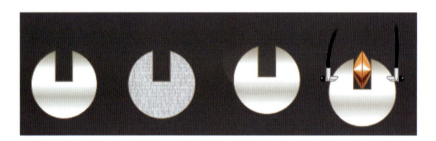

图 12-1-1　拉丝纹吊坠的绘制流程

二、绘制步骤

Step1：首先根据设计构思绘制好一个具体的首饰外形，并使用"交互式填充"工具为其添加金属本色的渐变填充，表现出金属的色彩与高反光质感，例如，设计 S925 或 Pt 首饰，需要进行灰白色的渐变填充；K 金首饰则要进行黄色至深棕色的渐变填充（图 12-1-2）。

Step2：复制填好色的造型，为复制的图形添加"干涉"底纹填充（"样本 9"中的"干涉效果"），此时会呈现出深紫色与白色的横向干涉纹样（图 12-1-3）。

Step3：修改"干涉"底纹填充对话框中的参数，将底色修改为（R150，G148，B148）的灰色；打开"平铺"对话框，将旋转角度调整为 90°，其效果如图 12-1-4 所示。

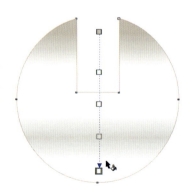

图 12-1-2　金属底色的线性填充

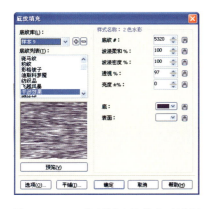
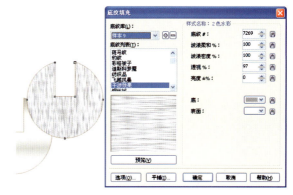

图 12-1-3 "干涉"底纹填充对话框　　　图 12-1-4 自定义参数

Step4：选中填充好底纹的物体，点击"交互式填充"图标，在物体上会出现带有两个坐标的虚线框，它们分别表示填充单元的大小与形状，通过调整两个坐标的长短与方向可以改变干涉条纹的方向以及纹样的密度。调整纹样方框大小（图12-1-5）。

Step5：纹样效果调整满意之后，根据首饰形态特征，给该物体添加线性透明效果，其透明度值为79～100（图12-1-6）。

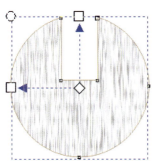

图 12-1-5 调整底纹大小　　　图 12-1-6 添加线性透明效果

Step6：将填充好金属本色的物体与填充底纹且设置了透明度的物体叠加放置（前者被放在下层，图12-1-7）。这样，就形成了带有拉丝纹的金属表面（图12-1-8）。

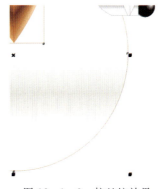

图 12-1-7 两层物体叠加　　　图 12-1-8 拉丝纹效果

第二节 压印纹肌理的表现方法

以下介绍教学范例2——压印纹肌理效果耳钉的绘制。

一、绘制流程(图12-2-1)

图12-2-1 耳钉的绘制流程

二、绘制步骤

Step1：使用"椭圆形"工具绘制耳钉轮廓(参考大小为2cm×2.5cm)，使用"交互式填充"工具为其添加线性填充，表现出金属的色彩与高反光质感(图12-2-2)。

Step2：绘制耳钉中部造型。使用"椭圆形"工具和"造型"工具绘制如图12-2-3所示的图形，并将其复制。

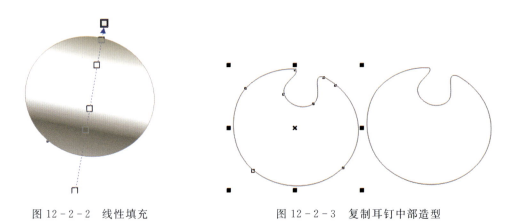

图12-2-2 线性填充　　　　　　图12-2-3 复制耳钉中部造型

Step3：为耳钉中部造型添加底纹填充，填充的底纹为"样本8"中的"水泥"，如图12-2-4所示。在默认状态下，"水泥"底纹为黑与白相间，其肌理效果与金属压印纹很相似。修改底纹颜色，让肌理色偏暖，更贴近银的颜色：将"色调"修改为(R79,G71,B56)，将"亮度"修改为(R245,G220,B227)，如图12-2-5所示。将底纹颜色参数设置好后，耳钉中部效果如图12-2-6所示。

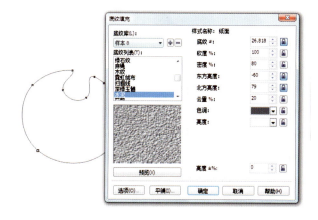

图12-2-4 "水泥"底纹　　　　　图12-2-5 修改底纹颜色参数

Step4：为耳钉中部造型添加线性透明度，将其上端透明度值设置为100（完全透明），将其下端透明度值设置为71，如图12-2-7所示。

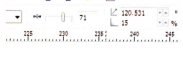

图12-2-6 添加水泥底纹的造型　　　　　图12-2-7 添加线性透明效果

Step5：选择本例Step2中复制的耳钉中部造型轮廓，将其轮廓宽度设置为0.25mm（图12-2-8），单击"确定"。点击菜单栏中的"排列"，在下拉菜单中选择"将轮廓转换为对象"（图12-2-9）。

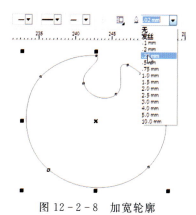
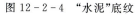

图12-2-8 加宽轮廓　　　　　图12-2-9 "将轮廓转换为对象"

Step6：将转换好的对象放在本例 Step1 中绘制的椭圆之上，调整好位置，并为其添加渐变填充（图 12-2-10），该群组中的两个图形形成耳钉主体造型。

Step7：将添加了底纹的图形与耳钉主体造型对齐（图 12-2-11），这样，耳钉中部的压印纹肌理被展现出来，最终效果如图 12-2-12 所示。

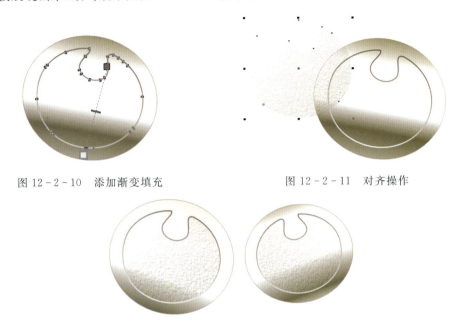

图 12-2-10　添加渐变填充　　　　　图 12-2-11　对齐操作

图 12-2-12　压印纹肌理耳钉效果

第三节　喷砂纹肌理的表现方法

我们仍以刚才的耳钉为例，将压印纹肌理换成喷砂效果。以下步骤将演示如何为中部造型添加喷砂纹肌理。

Step1：选择耳钉中部造型，点击菜单栏中的"编辑"，在下拉菜单中选择"复制属性"（图 12-3-1）。在弹出的"复制属性"对话框中选择"填充"，单击"确定"（图12-3-2）。此时，光标变

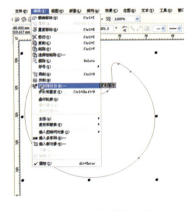
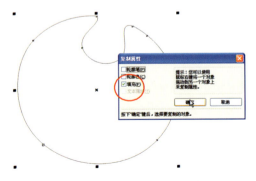

图 12-3-1　"复制属性"命令　　　　　图 12-3-2　"复制属性"对话框

成黑色箭头,将该箭头指向第一步绘制的椭圆(即耳钉外轮廓)(图12-3-3),这样,就为该图形添加了与耳钉外轮廓相同的填充(图12-3-4)。

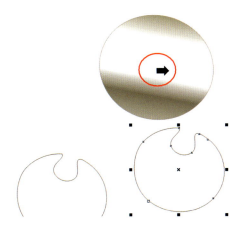
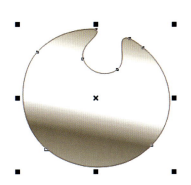

图12-3-3　箭头指向线性填充的椭圆　　　　图12-3-4　复制填充效果

Step2:将耳钉中部造型转化为位图。点击菜单栏中的"位图",在下拉菜单中选择"转换为位图"(图12-3-5)。在弹出"转换为位图"对话框中勾选"光滑处理"和"透明背景",单击"确定"(图12-3-6)。这样,该图形由矢量图被转变为位图。

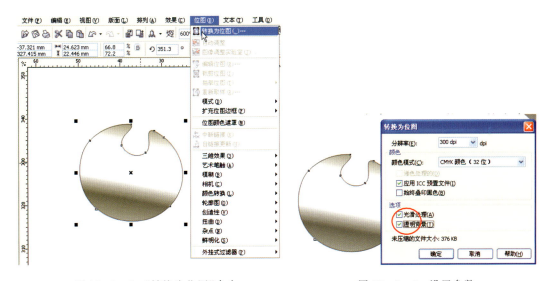

图12-3-5　"转换为位图"命令　　　　　　　图12-3-6　设置参数

Step3:为耳钉中部造型添加喷砂颗粒。点击菜单栏中的"位图",在下拉菜单中选择"杂点",再选择"添加杂点"(图12-3-7)。在弹出的"添加杂点"对话框中,按图12-3-8所示的参数进行设置,点击"确定",其效果如图12-3-9所示。

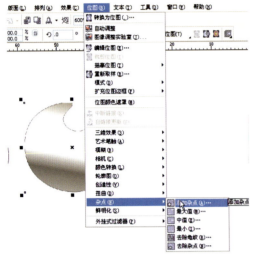
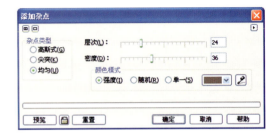

图12-3-7 给位图"添加杂点"　　　　图12-3-8 设置参数

将带有喷砂纹肌理的位图替换本章例1中的压印纹肌理造型,喷砂耳钉便形成了(图12-3-10)。

图12-3-9 "添加杂点"后效果　　　　图12-3-10 喷砂耳钉

第四篇　首饰设计效果图

第十三章　CorelDRAW 首饰设计效果图的绘制

当设计人员对首饰产品的设计构思形成后，便可以用 CorelDRAW 绘制效果图。要选择一个最佳角度将产品的设计要点展现出来，并与其他部门人员沟通，进行款式挑选与修改，以确定最终方案。此外，添加一些渲染效果后（如倒影、投影、背景图等），CorelDRAW 效果图还可被用于首饰产品的平面宣传。本章以首饰款式为线索，逐一演示不同类型首饰的设计效果图画法与表现技巧。

本章教学内容为吊坠、戒指、手链等常见首饰款式的效果图表现技巧。

第一节　吊坠的设计效果图画法与渲染技巧

一般利用吊坠设计效果图表现正视效果。绘制配链时，往往仅表现与吊坠连接的部分，将其他部分省略。

以下介绍教学范例1——刻面宝石吊坠的设计效果图与投影的添加方法。

1. 绘制流程（图 13 - 1 - 1）

图 13 - 1 - 1　刻面宝石吊坠的绘制流程

2. 绘制步骤

Step1：分析首饰结构。这款吊坠使用了一颗圆弧面型黑色玛瑙和六颗颜色、大小不一的刻面宝石；其金属部分造型较简单，包括一个瓜子扣和六个花瓣形状包镶口。六颗刻面宝石围绕在黑色玛瑙周围，呈花朵状。

Step2：绘制首饰中心的圆形黑色玛瑙。绘制一个直径为17～18mm的圆形，并为其添加射线填充，形成黑色球面效果（图13-1-2）。使用"交互式调和"工具绘制球形的两处高光斑（图13-1-3）。

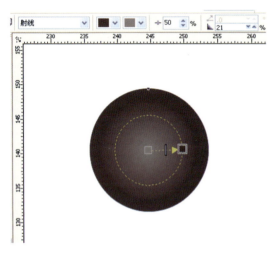

图 13-1-2　射线填充的圆形

图 13-1-3　绘制两个光斑

Step3：绘制玛瑙的包镶口。在黑色宝石外围绘制一个稍大的圆形，将其置于下层并对其添加线性填充，将颜色基调设置为淡黄色（图13-1-4）。再绘制一个更大的圆形，将其置于底层并对其添加线性填充，将颜色基调设置为金黄色（图13-1-5）。两层圆形被套在一起，形成了包镶边缘。

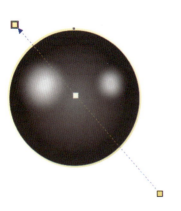

图 13-1-4　圆形的线性填充

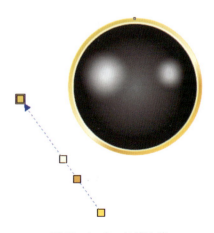

图 13-1-5　包镶边缘

Step4:绘制花瓣形金属。创建一个椭圆,按 Ctrl+Q 将其转换为曲线,使用"形状"工具编辑节点。将其底部节点稍向上移(图 13-1-6);在其顶端添加一个节点,并调整其上部分,使之呈水平(图 13-1-7)。调整完毕,花瓣形状如图 13-1-8 所示。

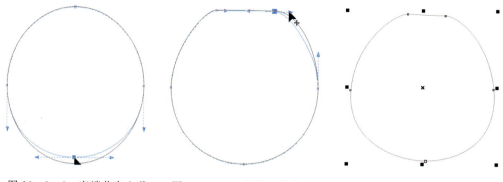

图 13-1-6 底端节点上移　　图 13-1-7 调整上端节点　　图 13-1-8 花瓣形状

Step5:为花瓣形状添加射线填充,使其形成内部凹陷、外围凸起的视觉效果(图 13-1-9)。使用"交互式调和"工具绘制高光斑(图 13-1-10),该花瓣造型绘制完毕。

Step6:复制五个花瓣造型并调整其大小与高光斑位置,将这五个花瓣围绕着黑色玛瑙排列(图 13-1-11)。

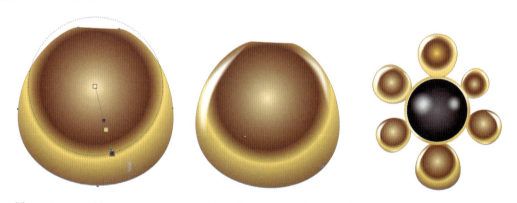

图 13-1-9 花瓣形状的射线填充　　图 13-1-10 添加高光斑　　图 13-1-11 复制排列花瓣造型

Step7:绘制刻面宝石。宝石共有四种颜色——无色透明、褐色、金黄色、淡黄色,首先绘制四颗颜色不同但大小相同的圆形明亮型宝石,然后对应照片调整宝石相对大小(图 13-1-12)。复制无色透明与淡黄色的宝石,将六颗宝石放置在镶口上。

Step8:绘制瓜子扣及金属圆环,如图 13-1-13 所示。

图 13-1-12　不同颜色的圆形明亮琢型　　　　　　　　图 13-1-13　瓜子扣与圆环

Step9：绘制吊坠的橡胶绳。使用"贝塞尔"工具绘制如图13－1－14所示的曲线，将曲线轮廓宽度修改为2.0mm（图13－1－15）。按Ctrl＋Shift＋Q将其转换为对象（图13－1－16）。为其添加线性透明效果，如图13－1－17所示。

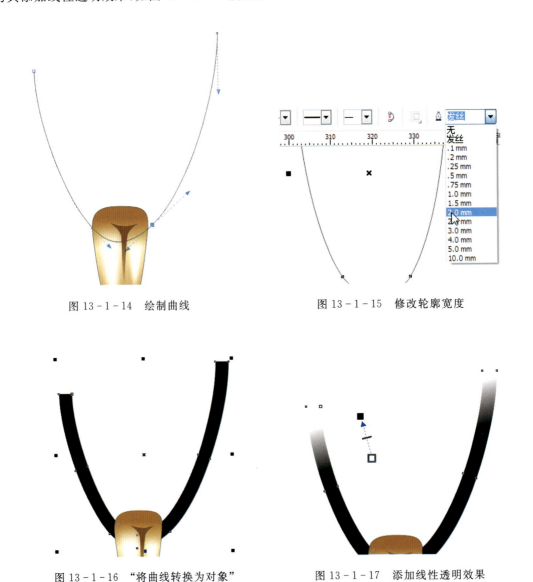

图13－1－14　绘制曲线　　　　　　　图13－1－15　修改轮廓宽度

图13－1－16　"将曲线转换为对象"　　图13－1－17　添加线性透明效果

Step10：绘制吊坠投影。选择最下端的花瓣造型，使用"交互式阴影"工具，由对象底端生成阴影效果（图13－1－18）。如图13－1－19所示设置阴影参数，将其羽化值设置为42。吊坠最终效果如图13－1－20所示。

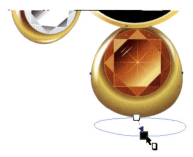  

图 13-1-18　添加阴影效果　　图 13-1-19　设置阴影参数　　图 13-1-20　吊坠效果

以下介绍教学范例2——水晶吊坠倒影的添加方法。

在本章范例1中我们为吊坠添加了站立的投影效果，让画面看起来更立体、生动。除此之外我们还可以创建倒影效果，为首饰增添一份优雅。下面以一款三叶草水晶吊坠（图13-1-21）为例演示如何为物件添加倒影效果。

Step1：该款吊坠中的水晶由水滴型主体、光斑、阴影组合而成，仅选择主体部分向下进行镜像操作（图13-1-22）。

图 13-1-21　三叶草水晶吊坠效果　　图 13-1-22　镜像水晶的主体造型

Step2：为镜像后的图形添加线性透明度，其中，将其上端的透明度值设置为50，将其下端设置为100（即完全透明），如图13-1-23所示。这样，镜像图形呈现向下逐渐消失的效果，给人以倒影的视觉感受，其最后效果如图13-1-24所示。

下面这款叶形贝壳吊坠的效果图也被添加了倒影，不同的是，设计者将作为倒影的部分（中间的叶脉）向下镜像的同时，沿垂直方向作了压缩（图13-1-25）。

图 13-1-23　镜像物体的线性透明度　　　图 13-1-24　水晶吊坠的倒影效果　　　图 13-1-25　贝壳吊坠的倒影效果

第二节　戒指设计效果图的画法

一般利用戒指的设计效果图[即顶视图(有时配以其他视图作为辅助说明)]表现戒指佩戴时的效果。图 13-2-1 为学生习作,展示了不同款式戒指的效果图,供读者参考。

图 13-2-1　学生习作——戒指效果

下面以图13-2-2中的款式为例,演示戒指效果图的画法。在绘制戒指前,先创建一个手指道具(图13-2-3),然后在其上层绘制戒指的顶视效果,因戒指后部的结构被遮挡,将其省略。

图13-2-2 时尚仿真戒指

图13-2-3 手指道具

一、绘制流程(图13-2-4)

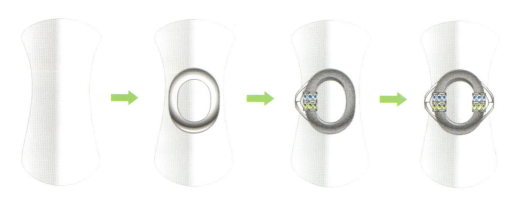

图13-2-4 戒指的绘制流程

二、绘制步骤

Step1:右键点选手指道具,在弹出的菜单中选择"锁定对象"(图13-2-5)。这样,手指道具被锁定,所有操作对它都将失效,从而避免了误选。

在step2和step3中,将绘制戒指中部的O形结构。

Step2:创建一个矩形(参考尺寸为20mm×26mm),将其修改为圆角(图13-2-6)。将圆角矩形转换为曲线(图13-2-7);利用"形状"工具,将位于上下端部的节点删除,使造型上下端弧线更圆滑(图13-2-8)。

图13-2-5 锁定手指道具

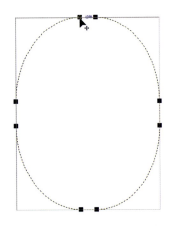

图13-2-6 修改矩形为圆角

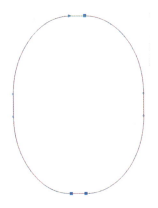

图13-2-7 将圆角矩形转换为曲线

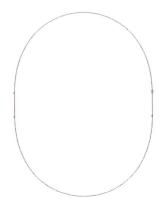

图13-2-8 删去上下端部的节点

Step3：复制该图形并将其沿中心向内缩小，得到一大一小两个相似造型（图13-2-9）。利用"造形"工具中的修剪命令将小图形从大图形中剪去，并为修剪后的图形添加射线填充（图13-2-10）。

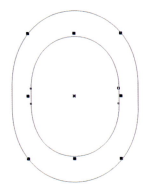

图13-2-9 复制并沿中心向内缩小

图13-2-10 为修剪后造型添加线性填充

Step4：复制 O 形物体，并沿中心稍稍放大，将放大的造型置于底层并将该 O 形物体填充浅灰色，创建下面的金属底托（图 13-2-11）。给上层 O 形物体添加肌理效果（图 13-2-12）。

图 13-2-11　创建金属底托　　　　　图 13-2-12　增添肌理效果

在下面的 step5 至 step8 中，将绘制戒指的分叉式戒圈。

Step5：为 O 形结构添加光斑与阴影。组合所有已创建图形，并将其移至手指道具的中心（图 13-2-13）。

Step6：创建一个椭圆，将其中心与 O 形中心重合（图 13-2-14）。在属性栏中将椭圆调整为饼形，将其角度设置为 90°～270°（即椭圆的左半部分），如图 13-2-15 所示。将饼形转换为曲线，结合"形状"工具，将其编辑成如图 13-2-16 所示的造型（注意保持造型的对称性），它表示戒圈外侧轮廓。

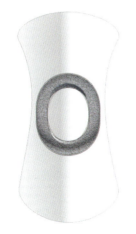

图 13-2-13　将 O 造型移至道具中心　　　图 13-2-14　在中心位置创建椭圆

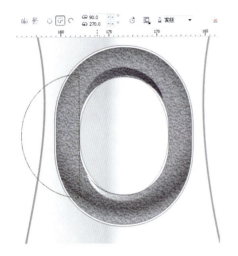 

图 13-2-15　将椭圆调整为饼形　　　　图 13-2-16　编辑戒圈外侧轮廓

Step7：复制戒圈外侧轮廓两次，并将其进行如图 13-2-17 所示的排列（注意内外轮廓的间距要合理），它表示戒圈的最厚处的尺寸（在本例中被设置为 2mm）。打开"造型"泊坞窗，利用"修剪"命令用最右侧的图形分别修剪左侧的两个相似造型（图 13-2-18）。修剪后得到如图 13-2-19 所示的两个 V 形。

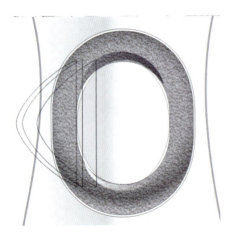 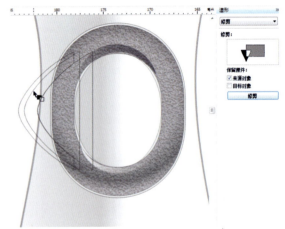

图 13-2-17　创建饼形　　　　图 13-2-18　编辑戒圈外侧轮廓

Step8：将两个 V 形置于 O 形结构下层，调整戒圈外轮廓造形，并添加线性填充，形成分叉结构的戒圈，如图 13-2-20 所示。该图中标示的一根直线，表示分叉戒圈两个面的交界线。在合适的位置绘制阴影、光斑，表现金属质感（图 13-2-21）。

在下面的 step9～step11 中，将绘制戒指上的槽镶结构。

Step9：在 O 形中心创建一个矩形（图 13-2-22），将其平移至 O 形左半部，并将其填充为浅灰色（图 13-2-23）。

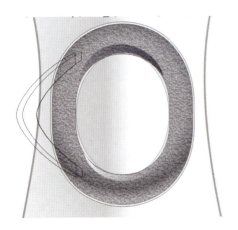

图 13-2-19 修剪后的 V 形

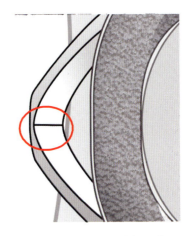

图 13-2-20 分叉结构的戒圈

图 13-2-21 戒圈的质感表现

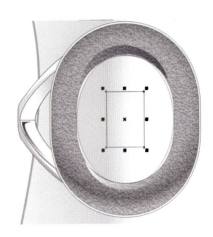

图 13-2-22 创建矩形

Step10：在已创建矩形的上下端及中部再创建新的矩形，将其修改成圆角，并为其添加线形填充，表现槽镶口的槽壁（图 13-2-24）。

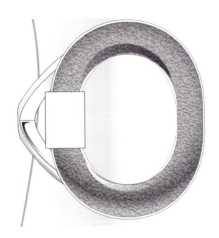

图 13-2-23 戒圈的质感表现

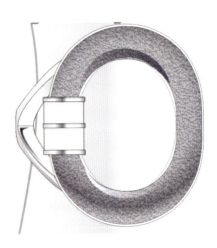

图 13-2-24 创建槽壁

Step11：在上端与中部两个槽壁之间放置宝石与镶爪，因为该槽镶口为弧面，所以放置宝石时要注意表现其透视效果（图13-2-25）。重复以上操作，为下端镶口填充宝石（图13-2-26）。

Step12：复制左侧戒圈与槽镶结构，并将其水平镜像至O形结构的右侧，稍稍调整光斑、阴影位置，让画面更生动。戒指最后效果如图13-2-27所示。

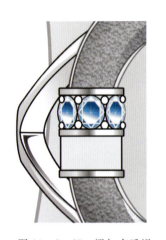 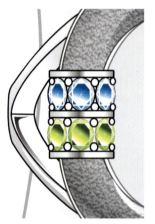 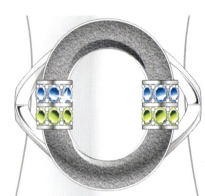

图13-2-25　添加有透视效果的宝石　　　图13-2-26　继续添加宝石与镶爪　　　图13-2-27　戒指效果

第三节　手链、项链设计效果图的画法

在第十章金属链画法中，我们提到为了将结构表现清楚，一般描绘金属链完全展开的状态。因此手链、项链的设计效果图，我们也常常用展开图来表现，将饰品结构（链环的单元造型、链扣的形制）清晰地呈现出来。

下面以图13-3-1所示手链为例，演示如何绘制手链效果图。

图13-3-1　手链效果

其绘制的具体步骤如下。

在下面的Step1至Step4中将绘制手链中间的包镶结构。

Step1：该镶口与所镶宝石呈不规则外形，我们将用两个平行四边形的"相交"操作得到。创建一个矩形（参考尺寸为28.4mm×15.5mm），如图13-3-2所示。在矩形被选中的状态下，左键单击矩形，让其进入旋转模式，并将其沿水平方向向右偏斜，得到一个平行四边形（图13-3-3）。

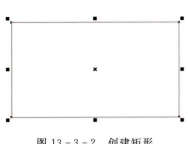
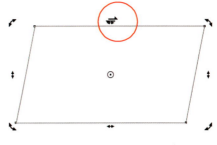

图13-3-2 创建矩形　　　　　　图13-3-3 水平向右偏斜

Step2：用同样方法，将矩形向左偏斜，得到另一个平行四边形（图13-3-4）。将两个平行四边形中心对齐，开启"造形"工具中的"相交"命令（图13-3-5），两个平行四边形相交后成为不规则六边形（图13-3-6）。

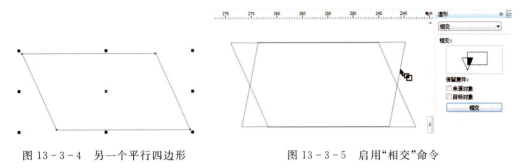

图13-3-4 另一个平行四边形　　　　　　图13-3-5 启用"相交"命令

Step3：打开"圆角/扇形切角/倒角"泊坞窗，将倒角半径值设置为0.6mm。选择已有的六边形，单击窗口中的"应用"（图13-3-7）。这样，六边形的六个角变得圆滑（图13-3-8）。复制并沿中心缩小六边形，然后将其沿水平方向拉伸，让两个六边形的各边边距相等（图13-3-9）。

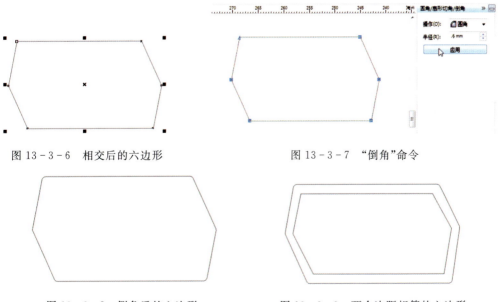

图13-3-6 相交后的六边形　　　　　　图13-3-7 "倒角"命令

图13-3-8 倒角后的六边形　　　　　　图13-3-9 两个边距相等的六边形

Step4：导入事先绘制好的刻面链珠或一张刻面链珠的照片。选择链珠，启用"图框精确剪裁"工具，点选"放置在容器中"，将光标指向较小的六边形（图13-3-10）。这样，链珠被置于六边形之中，形成六边形刻面水晶效果（图13-3-11）。为较大的六边形添加线性填充，表现其金属质感，并在其下层放置圆环（图13-3-12），这样，手链中间的镶口结构绘制结束。

图13-3-10　另一个平行四边形

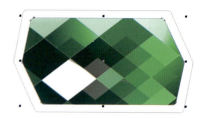

图13-3-11　启用"相交"命令

Step5：参考本例Step1至Step3的方法，创建手链中另一个六边形框架结构，并在其下部放置一个表示镶口的矩形（图13-3-13）。将事先绘制好的矩形切割宝石置于镶口上，在六边形框架上添加表示钉镶宝石与镶爪的圆形（图13-3-14）。

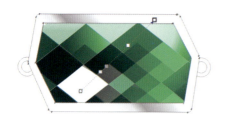

图13-3-12　包镶结构完成效果

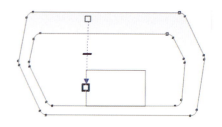

图13-3-13　手链的另一个六边形结构

Step6：绘制手链其他形状的链环（包括圆角方形环和马眼环）与T形链扣（图13-3-15）。

图13-3-14　添加了宝石的六边形结构

图13-3-15　其他形状的链环与T形链扣

Step7：将已绘好的部件用圆环连接起来，连接部分的圆形链环用侧面视图来表现，即添加线形填充的圆角矩形（图13-3-16）。连接完毕后，可以旋转部分链环（图13-3-17），让手链展开效果更生动。手链最终效果如图13-3-1所示。

图 13-3-16　连接部分的链环　　　　　图 13-3-17　旋转部分的链环

对于项链,其绘制方法与手链绘制方法相似,只是尺寸不同,在此就不再赘述了。值得注意的是,对于尺寸较长的项链,我们可以省略其中间某些重复单元,仅展示设计主体和佩戴结构,如图 13-3-18 所示,在该效果图中的钉镶宝石用单色填充的圆形来表示。

图 13-3-18　省略重复单元的项饰效果

第四节　耳饰设计效果图的绘制

耳饰一般成对出现,因此设计耳饰时,一般先绘制其中的一只,然后将其复制并左右镜像,得到另一只。耳饰除了本身造型外,其佩戴结构(如耳钩、耳钉)也是一个设计要点。图13-4-1、图13-4-2展示了三款耳饰的设计效果图。当一个视图无法表现出佩戴结构时,可以绘制侧视图作说明,关于侧视图的绘制将在第十四章中讲解。

图13-4-1　耳钉效果　　　　　　图13-4-2　玛瑙耳钩效果

以下介绍教学范例1——钉镶镂空耳钉的绘制。

钉镶镂空耳钉的绘制步骤如下。

Step1:分析绘图要点。耳坠使用了黄色与白色的两种合金,群镶使用的立方氧化锆中部有一个镂空结构。其绘图关键在于表现耳钉的曲面感。

在下面的Step2至Step4中将创建镂空结构的轮廓。

Step2:使用"贝塞尔"工具绘制如图13-4-3所示造型。将轮廓厚度修改为2.0mm(图13-4-4)。按Ctrl+Shift+Q将其转换为对象,无填充(轮廓为白色),如图13-4-5所示。

图13-4-3　绘制不规则曲线　　图13-4-4　加粗轮廓　　图13-4-5　"将轮廓转换为对象"

Step3:使用"造型"工具的焊接命令,将独立的不规则圆圈焊接成一个图形(图 13-4-6)。焊接完成后,镂空效果形成(图 13-4-7)。

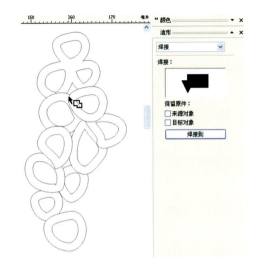

图 13-4-6　焊接独立的圆圈造型　　　　　图 13-4-7　镂空效果

Step4:在图形中部按比例绘制圆形。使用"造型"工具的"修剪"命令,勾选"来源对象",先点击中部镂空图形,执行"修剪"命令,再将箭头指向圆形(图 13-4-8)。这样,中部的镂空图形就将圆形分成若干部分(图 13-4-9)。

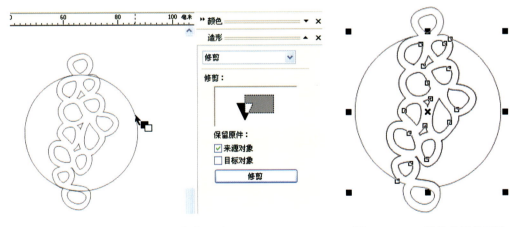

图 13-4-8　修剪圆形　　　　　　　图 13-4-9　被修剪后的圆形

Step5:选中该圆形,点击鼠标右键,选择"拆分曲线"(图 13-4-10),删去中间不需要的小圆圈,并为中部镂空造型添加线性填充(图 13-4-11)。

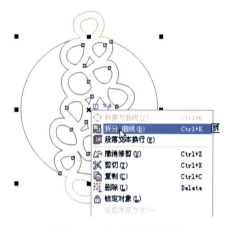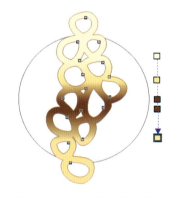

图 13-4-10 "拆分曲线"　　　　图 13-4-11　添加线性填充

Step6：为圆形的左半部分添加射线填充（图 13-4-12）。为圆形的右半部分添加射线填充（图 13-4-13）。

图 13-4-12　左半圆的射线填充　　　图 13-4-13　右半圆的射线填充

Step7：复制中间的镂空造型，在其中部绘制一个矩形（图 13-4-14），使用"造型"工具中的"修剪"命令，用中间的矩形修剪镂空造型（图 13-4-15）。为修剪后的图形添加线性填充（图 13-4-16）。

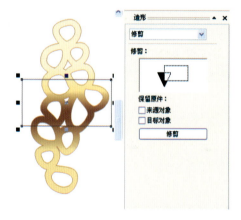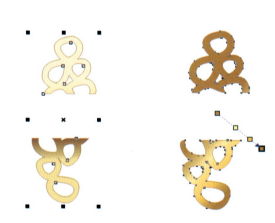

图 13-4-14　修剪镂空造型　　　图 13-4-15　修剪后造型　　图 13-4-16　添加线性填充

Step8:将两个镂空造型叠放在一起,修剪的放在下层,将修剪的图形稍微纵向压缩(注意:因为造型呈曲面,所以厚度呈现的角度不一样,将其压缩后可以分别在下方和上方产生厚度,形成弧面的错觉,若直接叠放会给人以平面感),形成曲面镂空造型的厚度(图13-4-17)。

Step9:将事先绘制好的无色宝石排列在圆形的右半部分(注意宝石的透视),如图13-4-18所示。最后,绘制耳钉的配件并为其添加闪烁效果,如图13-4-19所示。

图13-4-17 两层图形叠加形成立体效果　　　图13-4-18 添加宝石

Step10:复制耳钉,选择复制的耳钉,点选属性栏中的"水平镜像"图标(图13-4-20)。这样,就形成了一副左右对称的耳钉。再将镜像的耳钉缩小(图13-4-21)。

 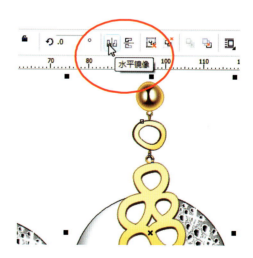

图13-4-19 耳钉效果　　　图13-4-20 水平镜像操作

Step11:我们将为另一只耳钉添加朦胧效果。在右侧耳钉上层创建一个矩形,填充白色(无边框),将耳钉遮盖(图13-4-22)。点选白色矩形,为其添加标准透明效果,将透明度值设为50,这样,下层的耳钉就被显示出来,该耳钉具有朦胧效果(图13-4-23)。完成的耳钉效果如图13-4-24所示。

图 13-4-21　两只左右对称的耳钉　　　　图 13-4-22　白色矩形遮住右侧耳钉

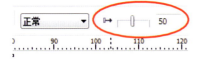

图 13-4-23　矩形的透明效果　　　　图 13-4-24　耳钉效果

以下介绍教学范例 2——玛瑙耳饰佩戴结构的表现方法。

在这一个范例中,我们将演示耳钩与耳坠的连接结构。

Step1:对比耳坠尺寸,将事先画好的耳钩调整至合适大小(图 13-4-25)。将耳钩放在耳坠套环上方,使两者有重叠(图 13-4-26)。利用"造形"工具中的"相交"命令(将"来源对象""目标对象"都保留)得到耳钩与套环的相交部分,且该相交的两个图形为一个群组(图 13-4-27)。选中相交部分,单击右键,在弹出的菜单中选择"打散曲线",这样,两个图形被打散为独立对象(图 13-4-28)。

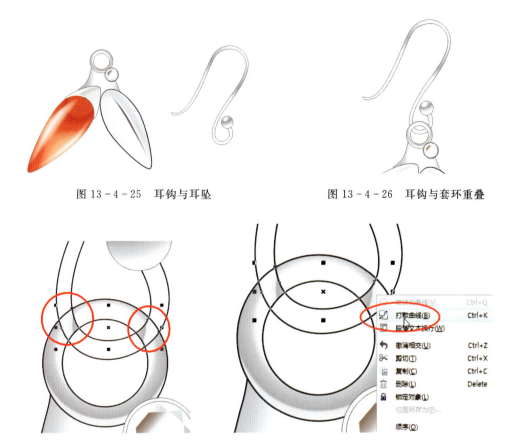

图 13-4-25　耳钩与耳坠

图 13-4-26　耳钩与套环重叠

图 13-4-27　耳钩与套环相交

图 13-4-28　耳钩与套环重叠

Step2：删除一个相交的对象，用保留的相交对象修剪耳坠上的套环（将"来源对象""目标对象"都不保留），如图 13-4-29 所示。这样，圆环被剪出一个缺口，刚好露出下层的耳钩，形成耳钩与套环相套接的视觉效果（图 13-4-30）。耳饰完成后，其效果如图 13-4-31 所示。

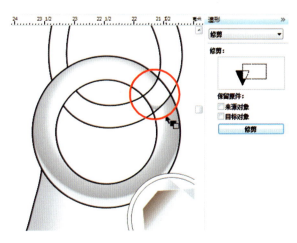

图 13-4-29　执行"修剪"命令

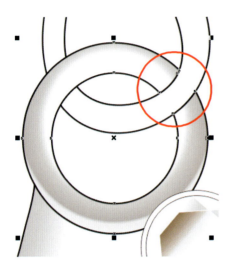
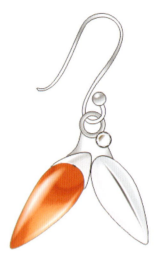

图 13-4-30　修剪后效果　　　　　图 13-4-31　耳饰效果

第十四章 CorelDRAW 首饰视图

当一个视图无法完全表现首饰产品的造型特征与设计要点时,需要配合其他视图来说明,如三视图或二视图。对于饰品中的戒指、耳钉、钥匙扣,往往需要绘制三视图或二视图,才能完整地表现出其三维结构特征。

本章教学内容为戒指、耳饰、胸针的视图画法。

将使用的主要工具为辅助线、"形状"工具、"贝塞尔"工具、"交互式填充"工具。

第一节 戒指三视图的绘制

视图的绘制要按 1∶1 的尺寸进行,并要求结构清晰。对于戒指,需要绘制顶视图、前视图、右视图,对于结构不太复杂的造型,可以省略其右视图。三个视图的对应关系为:顶视图与前视图长对正,前视图与右视图高平齐,顶视图与右视图宽相等。三个视图的相对位置如图 14-1-1 所示。

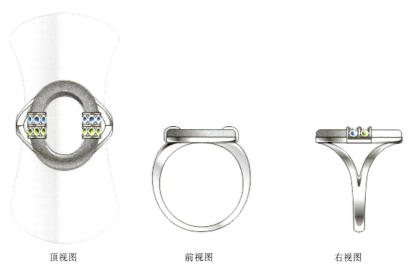

顶视图　　　　　前视图　　　　　右视图

图 14-1-1　戒指三视图

为了确保三个视图的相对关系,我们需要借助辅助线来实现。点击水平标尺,按住鼠标左键不放并向下移动鼠标,这样工作区内就产生了一条贯穿水平方向的虚线,这条虚线被称为辅助线或导线(图 14-1-2),它可以用来比对图形间垂直方向的相对位置与大小;同理,若单击垂直标尺后按住鼠标左键不放并向右移动鼠标,便能创建垂直方向的辅助线,用来比对图形间水平方向的相对位置与大小。当视图中辅助线过多,难以区分时,我们可以为辅助线修改颜色来作区别,其方法为:选中辅助线,在颜色条上用鼠标右键选择颜色即可。

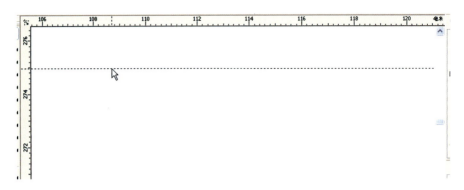

图 14-1-2 创建辅助线

以下将介绍教学范例 1——戒指前视图、右视图的绘制。

我们以第十三章第一节中的戒指为例,演示如何根据戒指顶视图绘制其他两个视图。该款戒指尺寸为 17 号,即其内圈直径为 17.9mm。我们先绘制前视图,再绘制右视图。

在下面的 Step1 至 Step9 中绘制前视图,需借助垂直方向的辅助线来完成。

Step1:打开"视图"下拉菜单,勾选"辅助线""贴齐辅助线"和"贴齐对象"(图 14-1-3)。贴齐顶视图戒圈的内、外侧分别放置两组(共四条)辅助线(图 14-1-4)。

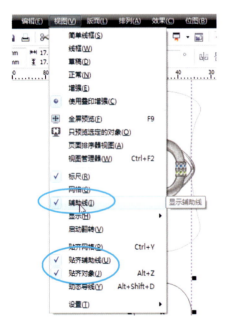

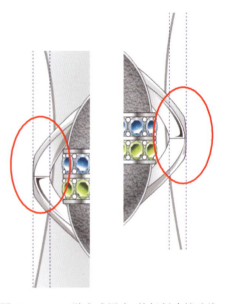

图 14-1-3 视图状态设置　　　图 14-1-4 贴齐戒圈内、外侧创建辅助线

Step2:贴齐内侧的两条辅助线,在顶视图下方区域创建一个圆形(直径为 17.9mm),它表示戒指内圈;再贴齐外侧的两条辅助线,创建一个圆形(直径为 21mm),它表示戒指外圈,将两个圆形同心放置(图 14-1-5)。

Step3:将外圈圆形转换为曲线,并将其编辑成如图 14-1-6 所示造型,这是戒圈前视图的外轮廓。用内圈圆形修剪外圈曲线,并为其添加线形填充,形成戒圈的前视图(图 14-1-7)。

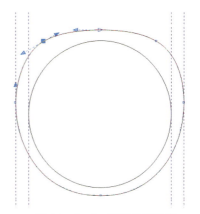

图 14-1-6 编辑外圈轮廓

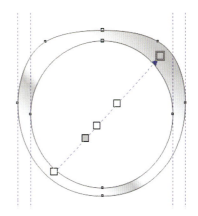

图 14-1-5 创建戒指内、外圈轮廓

图 14-1-7 添加线形填充

在下面的 Step4 至 Step6 中,将绘制 O 形结构的前视效果。

Step4:贴齐顶视图中部 O 形结构底托的左右两侧,各创建一条辅助线,并将其设置为红色(图 14-1-8)。贴齐红色的两条辅助线,在前视图中创建一个矩形,将矩形下方的直角修改为圆角并将其置于戒圈上方(图 14-1-9)。

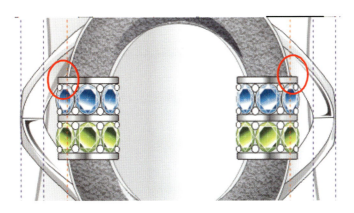

图 14-1-8 创建新的辅助线

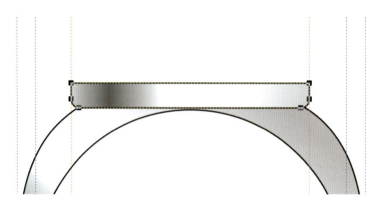

图 14-1-9　创建下方为圆角的矩形

Step5：贴齐红色辅助线，再次创建一个矩形，与本例 Step4 中的矩形下方对齐，其高度为 O 形结构的厚度。将矩形四个直角修改为圆角，并为其添加线形填充（图 14-1-10）。将该矩形的顺序设置为"到图层后面"，并沿水平方向稍稍缩小（图 14-1-11）。两个矩形被叠加，形成 O 形结构与其底托的正视图效果。

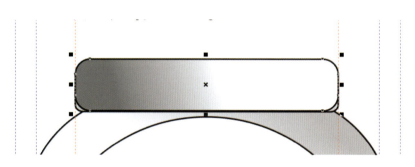

图 14-1-10　创建圆角的矩形

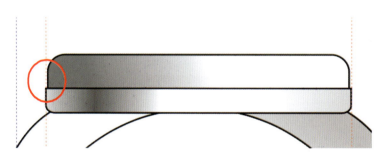

图 14-1-11　调整矩形顺序并将其沿水平方向缩小

Step6：为底层矩形添加压印纹肌理（图 14-1-12）。戒指中部 O 形结构的前视图完成。
在下面的 Step7 至 Step8 中，将绘制戒指镶嵌结构的前视效果。
Step7：贴齐顶视图两个槽镶口的外侧各创建一条辅助线，将其设置为绿色（图 14-1-13）。贴齐一根绿色辅助线，在前视图中创建一个矩形，将其底部与底托平齐。将矩形四个直角修改为不同半径的圆角（图 14-1-14）。

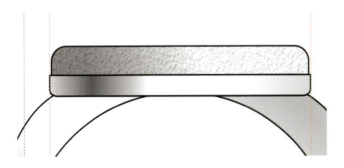

图 14-1-12　添加金属机理

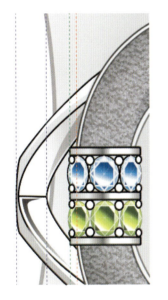

图 14-1-13　绿色辅助线贴齐镶口外侧

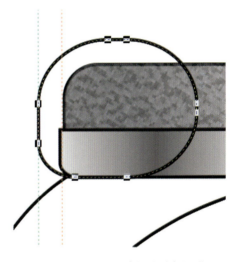

图 14-1-14　创建新的圆角矩形

Step8：将新创建的矩形置于底层，并为其添加浅灰色填充。复制并左右镜像该矩形，将镜像后的矩形平移至O形结构的右侧，使其与右侧绿色辅助线贴齐（图14-1-15）。这两个矩形表示两个槽镶口的前视图。因为镶口的槽壁将宝石遮挡住了，所以正视图中将不出现宝石。

图 14-1-15　镶口的前视图

Step9：为前视图添加光斑与阴影，前视图被绘制完成（图 14－1－16）。

在下面的 Step10 至 Step19 中，将绘制右视图，要借助水平方向与一条倾斜成 45°的辅助线来完成。为了方便演示，我们先删掉之前创建的辅助线。

Step10：创建一条水平辅助线，在属性栏中将旋转角度设置为 45°，则辅助线被旋转 45°（图 14－1－17）。贴齐顶视图上下端创建两条辅助线，将它们与倾斜辅助线相交，再通过这两个交点创建垂直辅助线（图 14－1－18）。垂直、水平方向的四条辅助线围成一个正方形，因此它们的间距相等。利用这一特性，我们可以将顶视图的宽转化为右视图的水平宽度，从而保证两个视图的对应关系。

Step11：贴齐前视图 O 形结构的上下端创建两根水平辅助线（图 14－1－19）。这样，在右

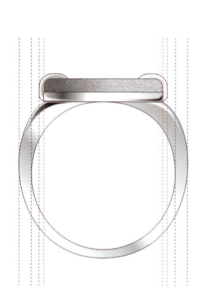
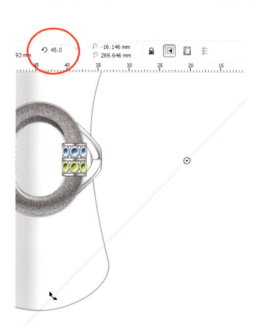

图 14－1－16　完成的前视图　　　　　图 14－1－17　成 45°角的辅助线

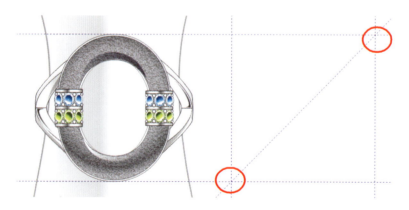

图 14－1－18　通过交点的垂直辅助线

视图区域出现四条辅助线，它们围成的矩形确定了 O 形结构在右视图的位置。复制前视图的 O 形结构，将其平移至右视图的矩形区域内，并将其沿水平方向拉伸，使之与矩形区域等大（图 14-1-20）。

图 14-1-19　依前视图创建水平辅助线　　　图 14-1-20　右视图中的 O 形结构

Step12：回到顶视图，贴齐镶嵌结构上下端以及下端镶口的结构线，分别创建三条辅助线，并通过倾斜导线，得出相应的垂直辅助线，将其设置为红色（图 14-1-21）。切换到前视图，贴齐镶嵌结构上端创建水平辅助线，它与刚才的红色辅助线确定了右视图中镶嵌结构的位置（图 14-1-22）。

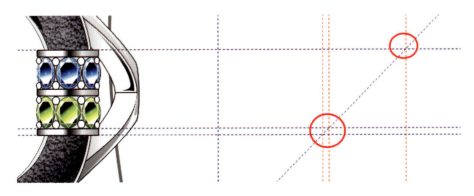

图 14-1-21　通过交点的垂直辅助线

Step13：如图 14-1-23 所示，在右视图中利用辅助线创建圆角矩形，并将其复制两次，使之分别贴齐右边红色辅助线以及两端红色辅助线的中间位置，它们构成镶口的沟槽（图 14-1-24）。

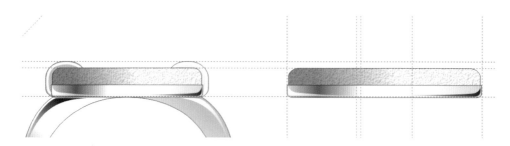

图 14-1-22　右视图中镶嵌结构的定位

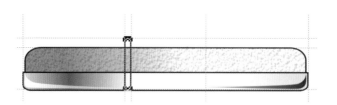

图 14-1-23　贴齐红色辅助线创建矩形

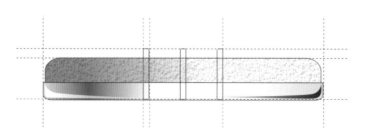

图 14-1-24　复制矩形

Step14：在三个矩形下端创建另一个矩形（图 14-1-25），将这四个矩形焊接成为一体，并为其添加线形填充（图 14-1-26），镶口被绘制完成。在镶口下层创建白色矩形并遮住其肌理（图 14-1-27）。在镶口的沟槽处放置宝石与镶爪（图 14-1-28）。

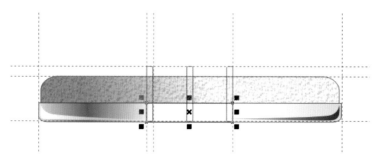

图 14-1-25　创建矩形

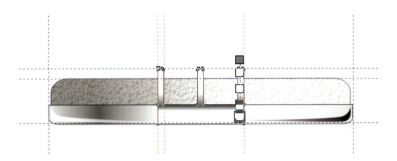

图 14-1-26　焊接并添加线性填充

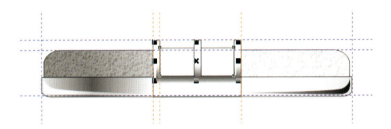

图 14-1-27　镶口下层的白色矩形

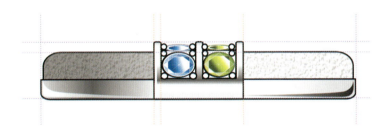

图 14-1-28　放置宝石与镶爪

Step15：再次回到顶视图，贴齐戒圈外侧上下端创建水平绿色辅助线，并由倾斜导线得出相应的垂直辅助线，同样，将其设置为绿色（图14-1-29）。绿色辅助线的间距表示戒圈中部的宽度尺寸。切换到前视图，贴齐戒圈底部端点以及水平方向最外侧的点（即戒圈中部），分

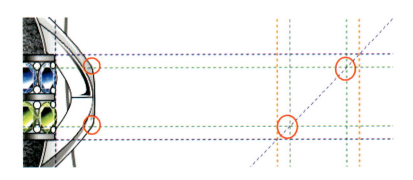

图 14-1-29　新建绿色辅助线

别创建两条辅助线,将后者设置为绿色;切换到右视图,在镶口中间添加一条辅助线,标记右视图的中线(图14-1-30)。右视图中的三根绿色辅助线确定了戒圈中部的位置与尺寸。

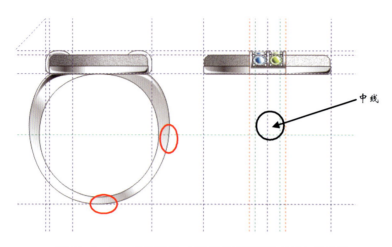

图14-1-30　在前视图、右视图的重要结构处添加辅助线

Step16:创建一根长为3mm的线段(略短于戒圈腰部的宽度),将其置于右视图底端中线处(图14-1-31),我们将用它确定右视图戒圈底部的宽度。贴齐O形结构底托的两个下端点以及该线段的两个端点,绘制如图14-1-32所示的倒梯形。

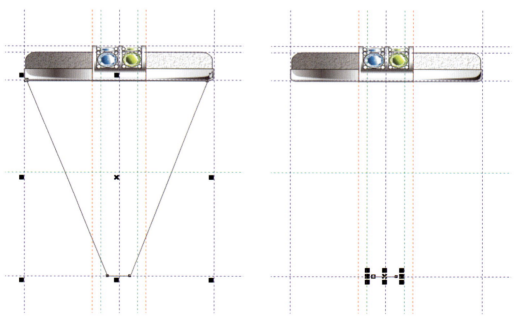

图14-1-31　创建长为3mm的线段　　　　图14-1-32　绘制倒梯形

Step17:在新建梯形的一条斜边上添加一个节点,将该点拖到两条绿色辅助线的交点处(图14-1-33)。图14-1-34为局部放大图。用同样方法,在另一条斜边上再次添加并移动

节点(图 14-1-35)。两个节点间的距离就是戒圈腰部的宽度。

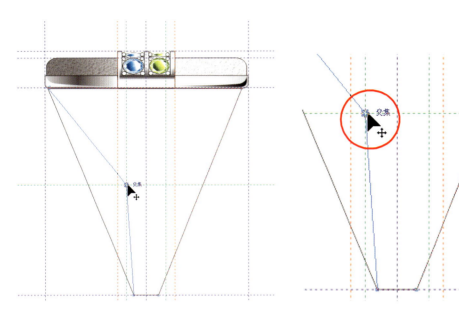

图 14-1-33　添加并移动节点　　　　图 14-1-34　两条绿色辅助线的交点

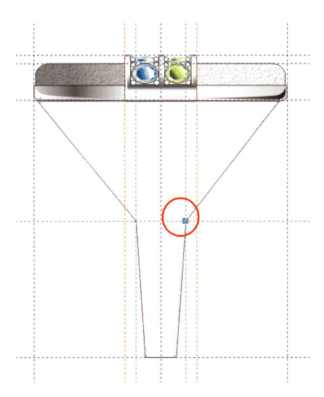

图 14-1-35　再次添加并移动节点

Step18:单击节点上方直线并修改其线段属性,单击"转换直线为曲线"图标,使该图标变成灰色,然后编辑该线段为弯曲的弧线(图14-1-36)。继续编辑其他线段,形成戒圈的外形轮廓(注意戒圈底部造型),如图14-1-37所示。

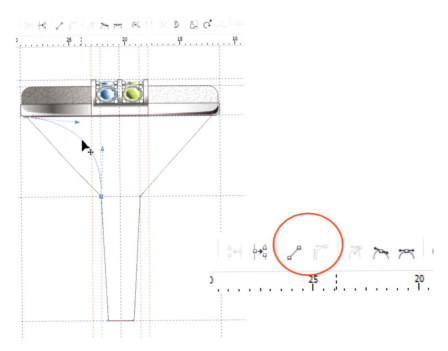

图14-1-36 再次添加并移动节点

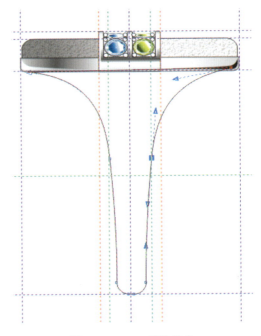

图14-1-37 编辑节点

Step19:创建如图14-1-38所示的曲面三角形,用"修剪"工具,将曲面三角形从戒圈轮廓中减去,形成分叉的造型。为戒圈添加线形填充,如图14-1-39所示。最后,添加光斑与阴影,表现戒圈的质感,戒指的右视图完成(图14-1-40)。

图14-1-41展示了戒指顶视图与前视图的学生习作,供读者参考。

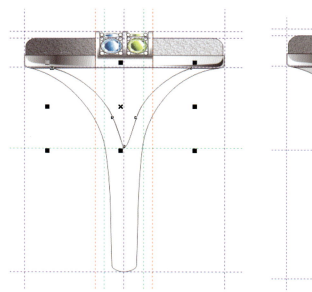
图14-1-38 创建曲面三角形

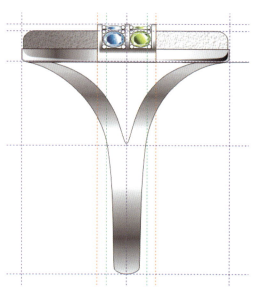
图14-1-39 为戒圈添加线性填充

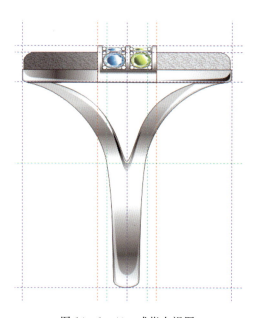
图14-1-40 戒指右视图

图 14-1-41 学生习作——戒指的顶视图与前视图

第二节　耳饰二视图的绘制

对于耳钉、耳环等耳饰，一般只需绘制其前视图与右视图（右视图被放在前视图的右边）。以下将介绍教学范例 2——贝壳镶嵌耳钉的视图绘制。

Step1：将耳钉尺寸设置为 27mm×18.5mm×2.4mm。将轮廓宽度设置为"发丝"，将轮廓设置为深褐色。

Step2：创建一个椭圆，按 Ctrl+Q 将其转换曲线，使用"形状"工具编辑节点，形成卵形，将其复制并缩小后放在原图中下方（图 14-2-1）。

Step3：紧贴内部卵形轮廓，使用"贝塞尔"工具绘制耳钉内嵌部分的造型（图 14-2-2）。删除内部轮廓（图 14-2-3）。

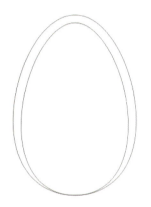 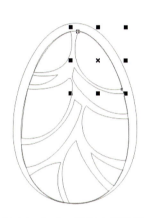 

　图 14-2-1　耳钉外轮廓　　　图 14-2-2　耳钉内嵌造型　　　图 14-2-3　删除内部轮廓

Step4：为底层耳钉轮廓对象添加线性填充（图 14-2-4），表现 K 黄金的色泽。将涂有滴油的区域填充为黑色（图 14-2-5）。为其添加反光（图 14-2-6）。

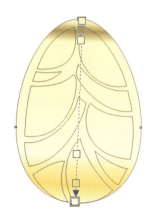  

　图 14-2-4　添加线性填充　　　图 14-2-5　填充黑色　　　图 14-2-6　添加反光

附　反光的制作方法

前面我们介绍了两种光斑的制作方法：交互调和法和添加线性透明度的方法（详见第五章和第九章）。下面将介绍另一种方法，适用于反光不太强的材质。这三种方法，读者可以根据实际情况，选择使用。

（1）使用"贝塞尔"工具绘制如图 a 所示造型，将其填充为白色（图 b）。在位图下拉菜单中选择"转换为位图"（图 c）。这样，该图形由矢量图被转化为位图。

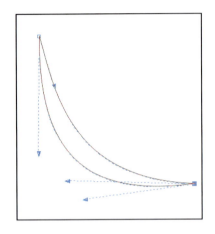

图 a　创建光斑造型

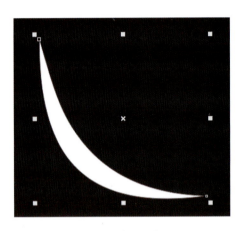

图 b　填充白色

（2）再次点击"位图"，在下拉菜单中选择"模糊"→"高斯式模糊"（图 d）。弹出"高斯式模糊"对话框，点击"确定"（图 e）。相比于前文"交互式"工具制作反光的方法，这种反光更适用于塑料、木材等不透明、反光不太强的材质。

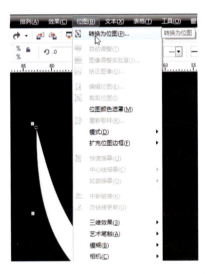

图 c　将矢量图转换为位图

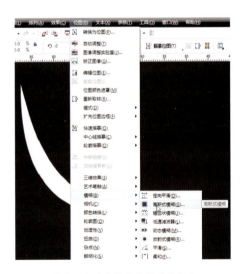

图 d　点选"高斯式模糊"命令

Step5：导入事先准备好的图片"shell.jpg"（图 14-2-7），该图片为一张贝壳的近距离照片。选择该图片，在"效果"下拉菜单中选择"图框精确剪裁"，再选择"放置在容器中"（图 14-

图 e 高斯式模糊效果

2-8),此时光标变成黑箭头,将箭头指向需要内嵌贝壳的区域(图 14-2-9)。这样,贝壳图片被置入所指轮廓之内,形成贝壳镶嵌的视觉效果(图 14-2-10)。可以使用"编辑内容"命令对图框中的图片进行缩放与旋转等操作。

图 14-2-7 shell.jpg 图片

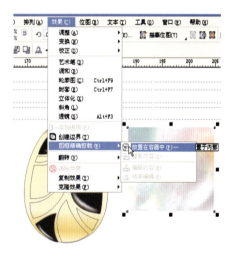

图 14-2-8 "图框精确剪裁"命令

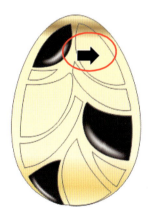

图 14-2-9 将箭头指向目标对象

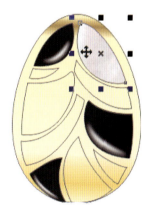

图 14-2-10 将图片填充至对象

Step6：用同样方法为另外两个区域添加贝壳肌理效果，并为镶嵌宝石的凹槽添加线性填充(图14-2-11)。将事先绘制好的宝石与镶爪放置在凹槽内，耳钉的前视图绘制完毕，在耳钉前视图右半部分造型关键处(指示造型结构的地方)放置水平辅助线(图14-2-12)。在接下来绘制右视图时要以此为参考。

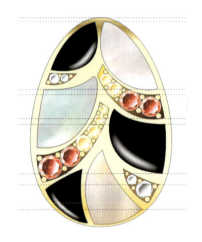

图14-2-11 凹槽的线性填充　　图14-2-12 前视图关键处放置水平辅助线

Step7：对应顶端、底端两条辅助线绘制一个半椭圆和一个矩形，即右视图的造型轮廓(图14-2-13)。使用"贝塞尔"工具，对应辅助线绘制耳钉内嵌结构的侧面造型，如图14-2-14所示(注：可打开"视图"菜单中的"贴齐辅助线"来辅助操作)。分别为矩形和半椭圆形添加线性填充(图14-2-15、图14-2-16)。为内嵌区域添加填充(图14-2-17)。

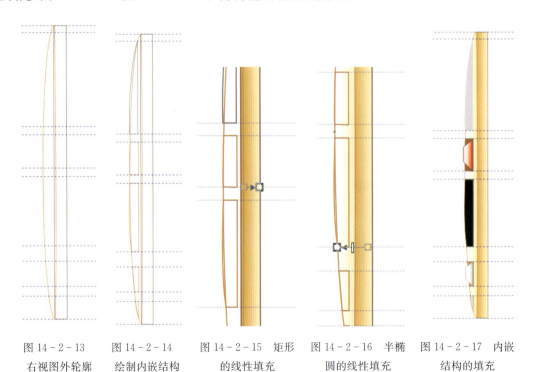

图14-2-13　　图14-2-14　　图14-2-15 矩形　　图14-2-16 半椭　　图14-2-17 内嵌
右视图外轮廓　绘制内嵌结构　的线性填充　　圆的线性填充　　结构的填充

Step8:侧视图的弧面处理。我们将耳钉的侧视图形态处理成弧面而非平面,让它看起来更生动。对于之前绘制好的侧视物体群组( )(按 Ctrl+G),选择"交互式"工具栏中的"交互式封套"工具,将属性栏中的封套模式设置为单弧并给对象添加单弧封套。分别调整封套左、右两侧曲线,使造型呈弧面(图 14-2-18)。调整完毕,耳钉侧视图如图 14-2-19 所示,由于造型发生变化,之前的颜色填充与当前造型不太协调,需要对颜色填充略作修改(图 14-2-20)。

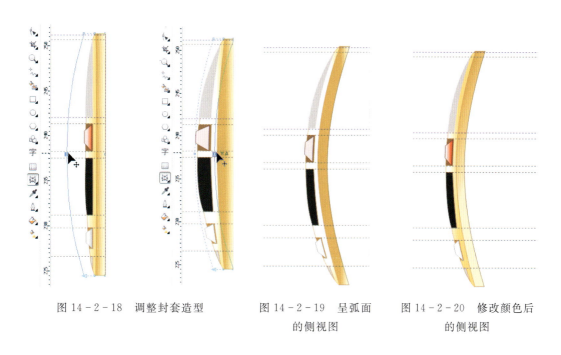

图 14-2-18 调整封套造型　　图 14-2-19 呈弧面的侧视图　　图 14-2-20 修改颜色后的侧视图

Step9:绘制耳迫。使用"手绘"工具( ),绘制如图 14-2-21 所示造型。使用"形状"工具编辑节点。删除多余节点,形成耳迫的侧面轮廓(图 14-2-22)。将造型的轮廓厚度改为 0.25mm(图 14-2-23)。

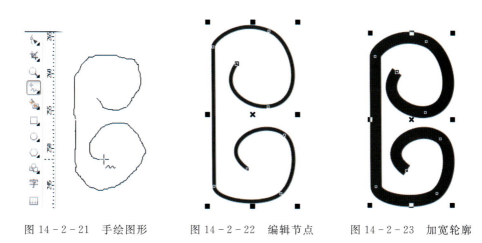

图 14-2-21 手绘图形　　图 14-2-22 编辑节点　　图 14-2-23 加宽轮廓

Step10：按 Ctrl＋Shift＋Q 将耳迫轮廓转换为对象（图 14－2－24）。为其添加线性填充（图 14－2－25）。

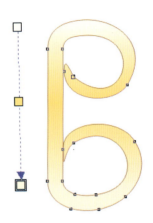

图 14－2－24 "将轮廓转换为对象"　　　　图 14－2－25 添加线性填充

Step11：绘制耳针、耳迫。创建一个尺寸为 0.5mm×14mm 的矩形，在其右侧添加被填充为深褐色的小矩形，作为耳针上卡紧耳迫的凹槽（图 14－2－26）。将耳迫、耳针叠放在一起，置于耳钉主体下层，右视图绘制完毕（图 14－2－27）。完整的耳钉视图如图 14－2－28 所示。

图 14－2－26 凹槽的颜色填充

图 14－2－27 耳迫的右视图　　　　图 14－2－28 耳钉的前视图与右视图

二、常见耳钉佩戴结构的画法

时尚饰品中耳钉佩戴结构有多种方式,因此在描绘耳钉(尤其在绘制侧视图)时要注意表现不同结构的特征。下面列举几种常见的结构与画法,供读者参考。

1. 塔形耳堵

在本章范例 2 中演示了一种"耳迫"的画法,另一种常见的耳迫为塔形耳堵(因其外形似宝塔而得名),如图 14-2-29 所示。塔形耳堵的画法很简单,其绘制要点在于轮廓线条,因为它是小部件,被简略表现即可(图 14-2-30)。

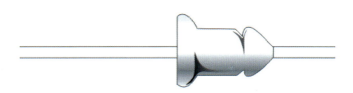

图 14-2-29 配有塔形耳迫的耳钉　　　　图 14-2-30 塔形耳堵的画法

2. 弹扣式耳迫

时尚耳饰往往设计大胆、形制夸张,因而有些款式的体积和质量较贵金属首饰来说偏大。这类款式常配以弹扣式耳迫(即耳迫与耳钉主体由弹性铰链相连,耳迫的开合受铰链控制)。这种结构使佩戴更牢固,并使耳迫与耳钉造型融为一体,呈现出别致的视觉效果。如图 14-2-31 所示两款耳钉使用了两种不同造型的弹扣式耳迫。

款式一　　　　　　　　　　　　　款式二

图 14-2-31 配有"弹扣式耳迫"的耳饰

下面以图 14-2-31 款式二中耳钉的右视图为例，演示如何表现弹扣式耳迫，该耳钉的前视图尺寸为 23mm×10mm。我们将利用金属丝的画法来表现，其步骤如下。

Step1：以耳钉"前视图"的高为长轴创建椭圆（配合辅助线完成），并在属性栏中将其修改为"弧形"（图 14-2-32）。将弧线轮廓宽度修改为 2.0mm，并调整轮廓两端，将其贴齐辅助线（图 14-2-33）。

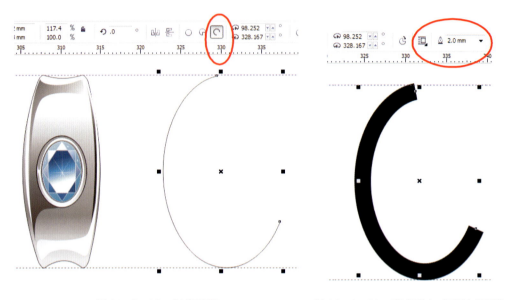

图 14-2-32　创建弧形　　　　　　　　图 14-2-33　配有弹扣式耳迫的耳饰

Step2：点选加粗后的轮廓，在"排列"下拉菜单中选择"将轮廓转换为对象"，这样，弧线轮廓成为可填充颜色的对象，利用"形状"工具删除不必要的节点，仅保留两端与底部共六个节点（图 14-2-34）。继续编辑两端节点，并为对象添加线性填充与黑色轮廓，耳钉主体的右视图完成（图 14-2-35）。

 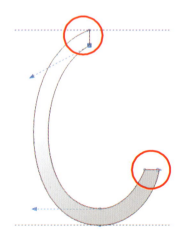

图 14-2-34　"将轮廓转换为对象"　　　　图 14-2-35　编辑端部造型并添加填充

Step3:打开"圆角/扇形切角/倒角"泊坞窗,选择"圆角"命令将耳钉主体的四个角倒圆,将半径值设为0.2mm(图14-2-36)。

在下面的Step4和Step5中,将绘制弹扣式耳迫。

Step4:如图14-2-37所示,创建S形曲线,按本例Step1、Step2中的做法将该曲线加粗(1.5mm),然后将其转换为对象。之后,用"形状"工具删除不必要的节点,添加线性填充与黑色轮廓,其效果如图14-2-38所示。

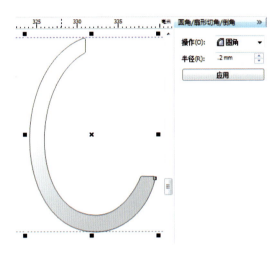

图14-2-36 为对象倒圆角

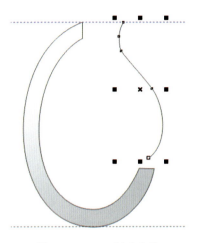

图14-2-37 创建曲线

Step5:继续编辑Step4中得到的对象,使其具有"弹扣式耳迫"的外形,其下端为如图14-2-39所示形态,其上端为如图14-2-40所示形态。创建一个圆角矩形,将其置于弹扣式耳迫下端(图14-2-41)。利用"造形"工具中的"修剪"命令,用圆角矩形修剪耳迫下端,使其产生一个缺口(图14-2-42)。编辑该缺口的形状(图14-2-43)。在耳迫下端添加白色圆形,用该圆形表现耳迫的铰链,再添加耳针,这样,弹扣式耳迫就完成了(图4-2-44)。

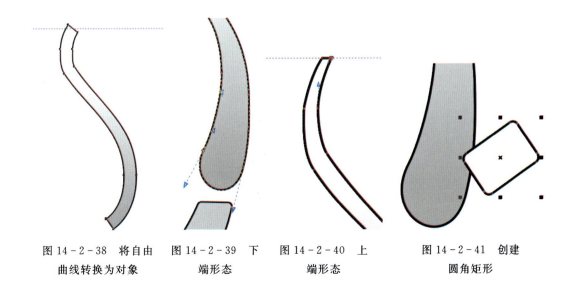

图14-2-38 将自由曲线转换为对象　　图14-2-39 下端形态　　图14-2-40 上端形态　　图14-2-41 创建圆角矩形

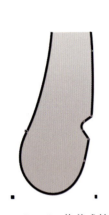

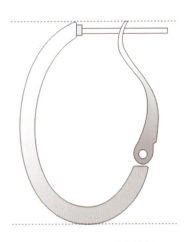

图 14-2-42 修剪成缺口　　图 14-2-43 编辑缺口形状　　图 14-2-44 耳迫效果

Step6：为耳钉右视图添加宝石。从侧面可以观察到耳钉上刻面宝石的冠部，因此在右视图中应该将该冠部表现出来。根据正视图，在宝石上下端创建辅助线（图 14-2-45）。导入绘制好的宝石侧视图，删除亭部，调整冠部角度与大小，使台面为垂直方向、高度与刚创建的辅助线间距相同（图 14-2-46）。将宝石冠部置于底层，耳钉右视图完成（图 14-2-47）。

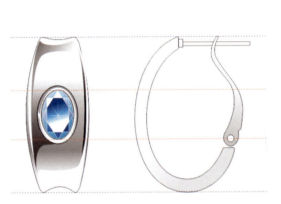
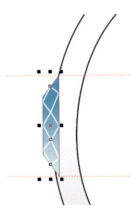

图 14-2-45 宝石两端的辅助线　　图 14-2-46 放入宝石冠部

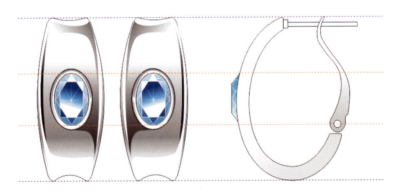

图 14-2-47 耳钉的前视图与右视图

参照图 14-2-31 中的款式一，我们可以为本章范例 2 中贝壳耳钉配上弹扣式耳迫（图 14-2-48）。图 14-2-49 中的四款耳饰视图为学生习作，它们的佩戴结构都因耳饰主体的需要呈现出不同的样式，但其绘制方法是相同的，都用到"将轮廓转换为对象"的方法。

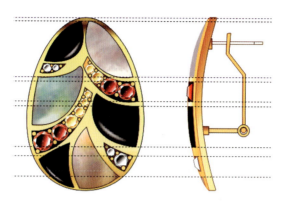

图 14-2-48　带有弹扣式耳迫的贝壳耳钉

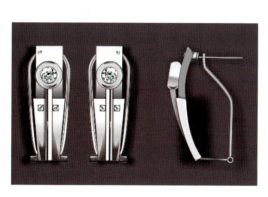

习作一

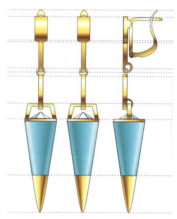

习作二

习作三

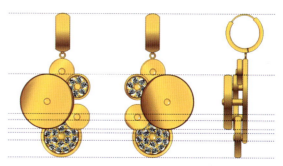

习作四

图 14-2-49　学生习作欣赏——耳钉视图

第三节　胸花二视图的绘制

同绘制耳饰一样，对于胸花也只需要画两个视图，即前视图和右视图。下面以图 14-3-1 所示的胸针为例，描述胸针视图的绘制方法与规范。该胸花具有金属基底，花瓣与叶子表面被作了彩绘处理，尺寸为 53mm×42mm。

在下面的 Step1 至 Step3 中，将绘制胸花主体的右视图。

Step1：调整前视图的角度，为了方便创建辅助线，一般将前视图中的胸针水平或垂直放置（本例为垂直放置）。在前视图的关键结构创建辅助线（图 14-3-2）。

Step2：将花蕊的金属小球平移至右视图区域，并贴齐右侧花瓣上下端的辅助线，绘制右侧花瓣的右视图，填充为浅粉色（图 14-3-3）；贴齐相应的辅助线，绘制左侧三个花瓣的右视图，将其填充为浅粉色，如图 14-3-4 所示；再贴齐花朵的上下端辅助线，绘制花瓣背面结构的侧视效果，将其填充为金色（用来表现金属材质），如图 14-3-5 所示。

图 14-3-1　胸花效果

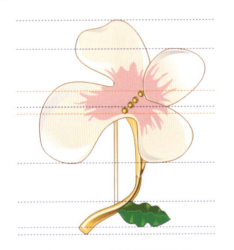

图 14-3-2　调整前视图角度

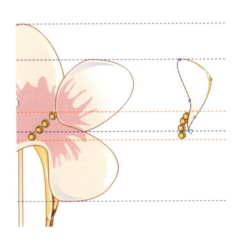

图 14-3-3　绘制右侧花瓣右视图

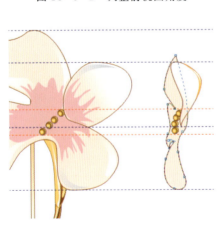

图 14-3-4　绘制左侧花瓣的右视图

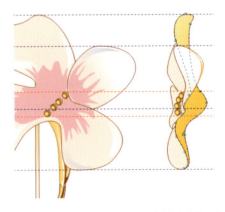

图 14-3-5　绘制花瓣背部结构的右视图

Step3:贴齐相应辅助线,绘制花梗的右视图,将其填充为金色(图14-3-6)。贴齐叶片两端的辅助线,绘制叶子的右视图(注意叶子造型的透视效果),如图14-3-7所示。

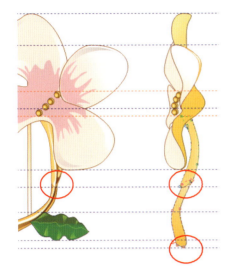

图14-3-6 绘制花梗的右视图

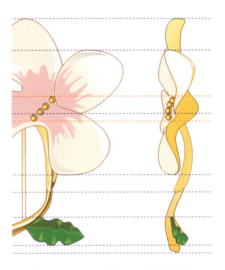

图14-3-7 绘制叶子的右视图

在下面的Step4至Step6中,将绘制水平放置的胸针结构。

Step4:胸针结构多种多样,我们将绘制一种最常见的款式(图14-3-8)。首先,创建一个狭长的矩形(宽0.75mm),用该矩形表现钢针(图14-3-9)。为矩形添加线性填充,表现其金属材质(图14-3-10)。

图14-3-8 胸针结构

图14-3-9 创建狭长矩形

图 14-3-10　为矩形添加线性填充

　　Step5：在针的左端创建圆形并为其添加射线填充（图 14-3-11）。再次创建一个圆形，将其置于之前圆形的中心并将其填充为金黄色。两个同心圆形成铰链结构（图 14-3-12）。在圆形下方创建矩形，将该矩形置于下层，表现铰链的支撑结构，如图 14-3-13 所示。

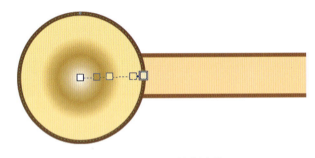

图 14-3-11　创建圆形

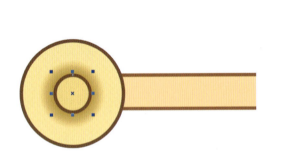

图 14-3-12　创建同心圆

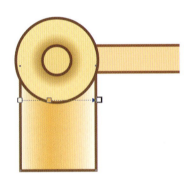

图 14-3-13　创建支撑结构

　　Step6：在针的右端创建两个圆角矩形与饼形（图 14-3-14a）。将饼形与一侧矩形焊接成一体，如图 14-3-14b 所示。然后在两个造型中间创建两个矩形（表现胸针一端的锁扣），如图 14-3-14c 所示。最后，为针右端也添加支撑造型，如图 14-3-15 所示，胸针右视图完成。

　　Step7：框选胸针，将其沿顺时针旋转 90°，使其由水平变为垂直。将胸针置于胸花右视图右侧，调整顺序，将其放到图层后面，如图 14-3-16 所示。合理调整钢针长短与胸针两端的位置（图 14-3-17）。最后，为右视图添加光斑与阴影，让画面显得更生动，胸花右视图完成效果如图 14-3-18 所示。

a.创建圆角矩形与饼形　　　　b.焊接饼形　　　　c.锁扣

图14-3-14　绘制胸针另一端锁扣的造型

图14-3-15　胸针结构

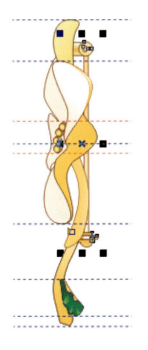
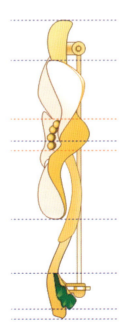

图14-3-16　将胸针放置到图层后面　　　图14-3-17　调整胸针位置与长短

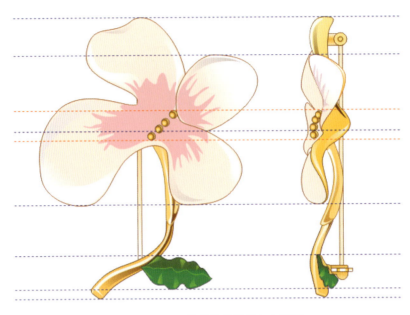

图 14-3-18 胸花的前视图与右视图

第四节　本章要点与技巧总结

(1)视图要 1∶1 绘制,尺寸合理、准确。
(2)熟练使用辅助线绘图。
(3)各视图的对应关系要正确:前视图与顶视图宽相等,前视图与右视图高平齐。

附 录

附录1　CorelDRAW 常用快捷键

保存当前的图形：Ctrl+S
水平或垂直移动对象：按住 Ctrl 移动对象
以中心缩放对象：按住 Shift 缩放对象
绘制正方形：按住 Ctrl 并使用"矩形"工具
绘制圆形：按住 Ctrl 并使用"椭圆"工具
绘制矩形：双击"矩形"工具便可创建页框或使用 F6
删除选定的对象：Del
将选择对象上对齐：T
将选择对象下对齐：B
左对齐选定的对象：L
右对齐选定的对象：R
水平对齐选择对象的中心：E
垂直对齐选择对象的中心：C
复制选定的项目到剪贴板：Ctrl+C
将"剪贴板"的内容粘贴到绘图中：Ctrl+V
在当前位置复制物体：小键盘"+"号
复制对象：Ctrl+D
将选择的对象组成群组：Ctrl+G
取消选择对象或对象所组成的群组：Ctrl+U
将选择的对象放置到后面：Shift+PgDn
将选择的对象放置到前面：Shift+PgUp
将选定对象按照其堆栈顺序放置到向后一个位置：Ctrl+PgDn
将选定对象按照其堆栈顺序放置到向前一个位置：Ctrl+PgUp
将选择对象的中心与页中心对齐：P
绘制对称多边形：Y
设置文本属性的格式：Ctrl+T
将渐变填充应用到对象：F11
将选择的对象转换成曲线：Ctrl+Q

向上微调对象：PgUp
向下微调对象：PgDn
向右微调对象：Home
向左微调对象：End
将渐变填充应用到对象：F11

附录2 指圈号码对应的直径与周长

应选指圈号码(号)	直径(mm)	周长(mm)
1	12.3	38.6
2	12.6	39.6
3	12.9	40.5
4	13.3	41.8
5	13.7	43
6	14.1	43.3
7	14.4	45.2
8	14.8	46.5
9	15.1	47.4
10	15.4	48.4
11	15.8	49.6
12	16.1	50.6
13	16.5	51.8
14	16.9	53.1
15	17.2	54
16	17.6	55.3
17	17.9	56.2
18	18.3	57.5
19	18.6	58.4
20	19.0	59.7
21	19.2	60.3
22	19.5	61.2
23	19.9	62.5
24	20.2	63.4
25	20.7	65
26	21	66
27	21.3	66.9
28	21.6	67.8
29	22.1	69.4
30	22.6	71
31	22.9	71.9
32	23.1	72.5
33	23.5	73.8

内容提要

本书的主要内容包括弧面及刻面宝石的渲染技法、金属造型与质感的表现技巧、常用首饰部件的画法、首饰三视图的画法、首饰效果图背景渲染技巧等。本书以展现时尚首饰的材料与款式为框架,力求内容系统与专业;在讲授绘制技法的同时,也为读者介绍了必要的首饰设计基础知识。本书以典型范例贯穿各章节,操作步骤详细,语言简洁易懂。书中范例既包括商业款实例,也有作者的独立创作,既实用,又有启发性。本书适合作为高校首饰设计专业教学以及首饰设计爱好者自学教材。

图书在版编目(CIP)数据

CorelDRAW 首饰设计效果图绘制技法/吴树玉,徐可著. —武汉:中国地质大学出版社,2013.12 (2021.8 重印)
ISBN 978-7-5625-3313-9

Ⅰ.①C…
Ⅱ.①吴…②徐…
Ⅲ.①首饰-设计-计算机辅助设计-图形软件
Ⅳ.①TS934.3-39

中国版本图书馆 CIP 数据核字(2013)第 300991 号

CorelDRAW 首饰设计效果图绘制技法		吴树玉 徐 可 著
责任编辑:高婕妤 张 琰	选题策划:张 琰	责任校对:张咏梅
出版发行:中国地质大学出版社(武汉市洪山区鲁磨路 388 号)		邮编:430074
电 话:(027)67883511	传 真:(027)67883580	E-mail:cbb@cug.edu.cn
经 销:全国新华书店		Http://www.cugp.cug.edu.cn
开本:787 毫米×1 092 毫米 1/16		字数:294.4 千字 印张:11.5
版次:2013 年 12 月第 1 版		印次:2021 年 8 月第 4 次印刷
印刷:武汉四海乐生印务有限公司		印数:6501—8500 册
ISBN 978-7-5625-3319-9		定价:68.00 元

如有印装质量问题请与印刷厂联系调换